F 前音

FOREWORD

　　动物和人类共同生活在地球这颗美丽的星球上，它们是我们的好朋友，也有很多属于自己的小秘密。

　　小朋友你知道吗，聪明的大猩猩不需要喝水，生活在南极的企鹅很爱家，海洋深处的小丑鱼懂得长幼有序……

　　动物们还有自己的独门秘笈，章鱼会吐墨汁，电鳐会放电，螃蟹横着走路，鲨鱼一生都在长牙齿……

　　本书将用生动有趣，通俗易懂的语言，为你讲述关于动物的故事！

　　本书与课本紧密相连，在文中详细标注了相关教材的页码和内容，有助于在巩固课堂知识的基础上，加深对课本的学习，更能让你汲取更多的知识，开阔眼界，了解书本之外的广阔世界。

　　另外，不要担心会有阅读障碍，书中对学习范围之外的疑难字加注了拼音，让你不用翻字典就能流畅阅读，可专注地享受在知识的海洋中徜徉的乐趣，度过愉快的阅读时光。

　　最后，还欢迎你关注奇趣博物馆系列的其他图书：《我要给地球挖个洞》《海洋会干涸吗》《我想养只小恐龙》《是谁创造了奇迹》《把达尔文带回家》《我和猩猩为什么不一样》《是科学还是魔法》《这才是男孩的玩具》《我想有一个外星朋友》。

C目录
CONTENTS

奇趣博物馆

Fascinating Museum

刘少宸◎编著

我和我的动物小伙伴

吉林科学技术出版社
JiLin Science & Technology Publishing House

3 动物是人类的好帮手

1 动物的快乐生活

站着睡觉的马

　　中国早在 6 000 年前便可将野马驯 [xùn] 化为家畜，此后很长一段时间，马成为交通运输的主要工具。马的汗腺 [xiàn] 发达，有利于调节体温，不畏严寒酷暑，容易适应新环境。马的心肺发达，适于奔跑和剧烈活动。

　　马的嗅觉很发达，这使它能很容易地接收外来的各种信息，并能迅速地做出反应。发达的嗅觉、灵敏的听觉以及快速而敏捷的动作，使马成为千百年来人类重要的伙伴。

站着睡觉是马重要的生活特征。马的祖先生活在一望无际的沙漠草原地区，它们既是人类的狩猎对象，又是豺狼虎豹等肉食动物的重要猎食对象。马的防御对抗能力比较弱，唯一的生存方法就是靠奔跑来逃避敌害侵袭。于是，马为了迅速而及时地逃避敌害，在夜间不敢高枕无忧地卧地而睡，站着睡觉便是马长久进化而来的一项"绝技"。

马群有着显著的阶层意识，通常一群马中，只会有一位首领。首领的竞争非常激烈，马群中最身强体壮的那一匹才能成为首领。成为首领的马享有很多特权，并受到其他马的尊敬和拥戴。在行进的过程中由首领来引导马群

进的方向。为了能够在将来竞争首领，许多刚出生的小马驹，常常会互相追逐、踢、咬，从玩乐中学习沟通相处的技巧，这对小马驹的成长是非常重要的，这也是在训练自己以后的生存技能。

最早的家畜

马在中国的驯养可以追溯到新石器时代。商周时，马和牛就被用来拉车和驮运货物。春秋战国时期，骑兵逐渐兴起，马车从主要用于车战逐渐转变为载人的交通工具。秦汉两代的王朝都非常重视马匹的牧养，实行官方"马政"制度。在汉景帝时，皇家诸苑养马已达到30万匹。汉武帝除饲养大量的马群外，还专门从西北引进优良马种。

在中国古代，马的地位非常高，其价值远远超出了代步、耕田、拉车、征战等实用范畴，逐渐升华出文化领域内的多重含义。龙马精神一直是中华民族推崇的精神境界，代表着奋斗不止、自强不息、进取向上。古人常以"千里马"来比喻有作为的人才，马也成为贤才的象征。

13

换哨站岗的海象

海象长着一对巨大的长牙，模样有点类似于陆地上的大象，所以人们就给它起了这样的名字。海象的牙不仅可以用来挖掘食物、攀登岩石和冰山，还是攻击敌人的重要武器。海象的四肢已退化成鳍状，陆地行动能力较弱，于是长长的牙便成为海象行动的辅助工具——长牙可以刺入冰山上，海象借助长牙的固定作用才能在冰上匍匐前进。虽然海象生活的地方冰天雪地，但它们身上有厚厚的脂肪，所以不会感觉到很冷。每当到了夏天，海象便会成群结队游到大陆和岛屿的岸边，或者爬到大块冰山上晒太阳。

海象最大的爱好就是睡懒觉！海象一生中大多数的时间都是懒懒地躺着度过的。

更神奇的是，海象还能在水里睡觉。海象的咽部有个气囊 [náng]，当那里充满空气时，它们就像气球一样浮在海面上了。海象非常警觉，当它们在睡觉时，会有一些海象在四周巡逻放哨，遇到"敌情"时，警戒的海象就发出公牛般的叫声，把酣睡的海象叫醒，进而迅速逃跑。此外，海象还懂得设置"暗哨"，有时为了防御水下敌人的侵袭，海象群还会在水下暗中布置一些巡逻的海象"哨兵"。

慈父鸸鹋

留心观察过澳大利亚国徽的人会发现，其左边是一只大袋鼠，右边则是一只鸸 [ér] 鹋 [miáo]。鸸鹋能堂而皇之地走上国徽，得益于它是澳大利亚最大的鸟，也是澳大利亚的象征性动物之一。它是仅次于鸵鸟的第二大鸟。

鸸鹋，又叫澳洲鸵鸟，是世界上非常古老的鸟类之一。鸸鹋喜欢生活在草原、森林和沙漠地带，全身披着褐色的羽毛，擅长奔跑，时速可达70千米，并可连续飞跑几百千米。鸸鹋虽有双翅，但同鸵鸟一样已完全退化，无法飞行。鸸鹋属于杂食性鸟类，不但吃野草和果实，也吃昆虫、蜥蜴等小动物。

鸸鹋善于游泳，可以从容渡过宽阔湍急的河流。从鸸鹋化石来看，现代的鸸鹋外形一直保持着史前时代的样子，没有丝毫变化，这令一些动物学家深感困惑。

和许多鸟类不一样，鸸鹋孵卵的任务由雄鸟来承担。在整个孵化期间，雄鸟在长达两个半月的时间里几乎不吃不喝，表现出极强的"父爱"，它们完全靠消耗自身体内的脂肪来维持生命，直到小鸸鹋脱壳而出。在小雏鸟出壳后，鸸鹋父亲还会照料它们近两个月的时间。

美丽而狠毒的箭毒蛙

　　箭毒蛙是全球最美丽的青蛙，也是毒性最强的动物之一。它的表皮颜色鲜亮，多半带有红色、黄色或黑色的斑纹。这是一种鲜艳的警戒色，仿佛是在炫耀自己的美丽，同时又向其他动物发出警告：请不要靠近我们！毒性最大的一类箭毒蛙，其毒素足以杀死2万只老鼠。

为什么箭毒蛙身上的毒如此厉害？原来，箭毒蛙的皮肤里有许多腺体，腺体可以分泌黏液润滑皮肤和保护自己。这种分泌物的毒性还很强，它能破坏其他动物神经系统的正常工作，阻碍中毒者体内的离子交换，导致神经中枢发出的指令无法送达到组织器官，最终使心脏停止跳动。不过幸好，箭毒蛙的毒液是通过血液起作用的。也就是说，只要身上没有出血的伤口，箭毒蛙便不会置人于死地。

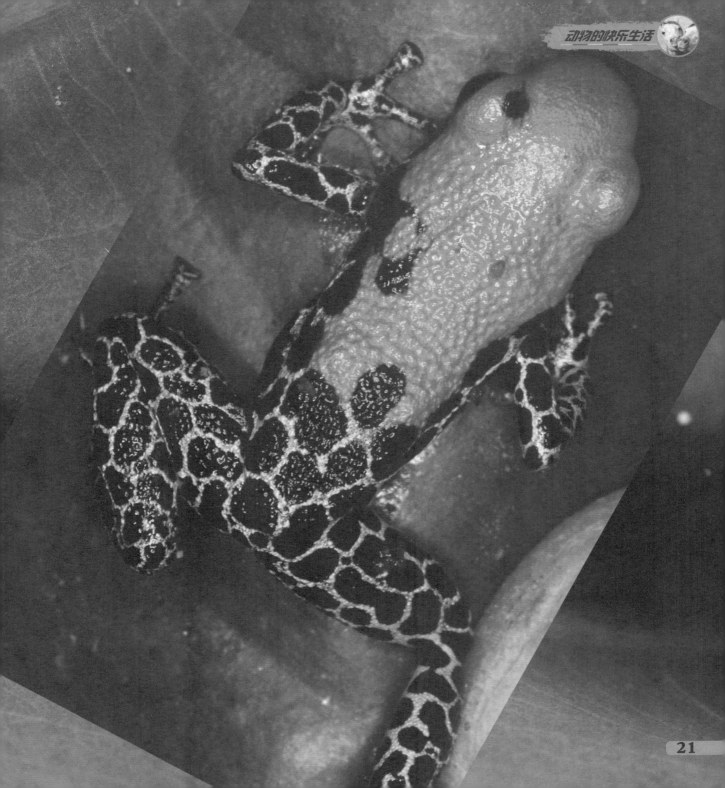

最佳"情侣"——大雁

大雁是雁属鸟类的通称，包括鸿雁、灰雁和豆雁等。大雁一般体形较大，颈部粗短，翅膀长而尖，体羽大多为褐色、灰色或白色。

南来北往

大雁是一种集群的候鸟，被人们称为"空中动为家"。大雁的栖息地跨度较大，它们将"家"安在西伯利亚等遥远的北方地区。每当秋冬季节来临时，它们就成群结队，浩浩荡荡地向南飞，到我国的南方过冬。在那里，大雁能找到昆虫、嫩虫和植物的种子作为食物。等到第二年的春天，大雁再经过长途旅行，回到北方生活。

为什么大雁在飞行时会排列这种特殊的队形呢？前面的大雁翅膀在空中滑过时，会产生一股上升的气流，而后面的大雁就可以利用这股气流跟随前进，会省些力气，所以比较弱小的最后都是一些比较弱小的大雁！

在迁徙时，雁群总是几十只、数百只集中在一起列队而飞，场面非常壮观，古代人将其称为"雁阵"。在有经验的"头雁"带领下，大雁的队伍排成"人"字形或"一"字形，并且经常变换队形，更换辛苦的"头雁"。雁群会挑选有经验的老雁当"队长"，飞在队伍的前面。带队的大雁体力消耗得很厉害，幼小和体弱的大雁会被安排在比较省力的位置。

雁群的迁徙大多在黄昏或夜晚进行，旅途中会选择湖泊水域休息和进食。大雁停歇在水边找食水草时，总会由一只有经验的老雁来担任雁群的哨兵，以防有敌人前来偷袭。雁群的每一次迁徙都要耗费一两个月的时间，历尽千辛万苦，但它们每年春天北往，秋天南来，从不中断。

鸿雁传书

中国民间自古就有"鸿雁传书"的传说，因为古人的通信方式有限，希望通过这种守时有信的候鸟来传递书信和信息。据《史记》记载，汉武帝天汉元年（公元前100年），中郎将苏武出使匈奴，被拘留关押在北海（今贝加尔湖）的苦寒地区18年。后来，汉朝派使要求匈奴释放苏武，匈奴单于却谎称苏武已死。与苏武一同出使的常惠秘密见到汉使，说出苏武没有死。于是使者对单于说：汉天子在打猎时射到一只鸿雁，雁足上系着一块帛书，上面说苏武尚在人间。这样一来，匈奴无法隐瞒，只得把苏武放归汉朝。这个故事成为千古佳话，鸿雁也就成了"信使"的代称。

忠贞的大雁

　　大雁自古以来被称为"忠贞之鸟"，一群大雁的数量很少会是单数。两只交配成为夫妇的大雁，一只死去，另一只也会自杀或者郁郁而亡。

　　大雁不只对待爱情十分忠贞，对待同伴也十分友好和团结。

聪明的大猩猩

大猩猩是世界上最大的灵长类动物，主要分布于非洲的喀 [kā] 麦隆、加蓬、几内亚、刚果、扎伊尔和乌干达等地。大猩猩属于杂食性动物，以树叶、嫩芽、花、果实、树枝和小昆虫等为食。

大猩猩的高智商

大猩猩的大脑很发达，会使用简单的手语进行沟通，而且会使用简单的工具——有人就观察到一些大猩猩在渡过一个沼泽时使用树枝探测水深。大猩猩会使用石头砸开核桃，和石器时代的人类已经很接近了。

大猩猩是白天活动的森林动物。它们主要栖息在地面上，前肢握拳支撑身体行进，这一行走方式被称为"拳步"。晚上睡觉时，大猩猩用树叶做窝，每天晚上都会做一个舒适的新窝，大猩猩筑窝的速度很快，搭建一个巢穴一般不超过 5 分钟。

大猩猩十分友善，哪怕是对待"敌人"也是先礼后兵。在面对威胁自身安全的敌人时，大猩猩会聒[guō]噪大叫，发出威胁的声音，然后几只大猩猩就会异口同声地狂呼乱叫，捶胸顿足。大猩猩们希望通过这种动作来喝止敌人的行动。然后，大猩猩的行动会突然中止，静观敌人的态度。假若前来进犯的敌人仍然无动于衷，它们会再一次重复一遍佯攻和威吓的战术，努力吓退敌人，以免发生不愉快的战争。此时如果敌人还是继续挑衅[xìn]，那它恐怕马上就要倒霉了。

从不喝水的大猩猩

大猩猩以素食为主，它们的主要食物是植物的果实、叶子和根茎。成年的大猩猩平均每天需要进食25千克左右的食物，它们大多数的时间都处于进食状态，因为只有这样，它们才能吃饱。由于大猩猩大量进食各种食物，使得它们的肚子往往会很鼓。大猩猩几乎从来不喝水，它们所需要的水分都能从食物中获取。大猩猩特别喜欢吃香蕉树多汁儿而且带点苦味的树心，对于大猩猩来说，香蕉树的树心是一种最好的食物——既好吃又解渴。同时，大猩猩为了防止体内缺少蛋白质，经常吃竹子来获取蛋白质。看来，大猩猩在食物的择取上还是很聪明的。

等级森严的狼族

狼，是一种很常见的野生动物，外形和狗、豺 [chái] 相似，但嘴更尖更长，多数毛色为棕黄或灰黄色，也有纯白、纯黑色等颜色的狼。狼的栖息范围很广，适应性很强，在山地、林区、草原以至冻原均有存在。

在许多故事里，狼都是凶残、贪婪的象征，其实它们身上有很多值得学习的"精神品质"。比如：狼非常重视团队的配合协作，在面对强敌时，狼一定会群起而攻之；狼有时也会独自活动，但绝不会在同伴受伤时离开同伴。另外，狼会在每次攻击前都会去了解对手，它们很少攻击失误，因为它们懂得"知己知彼，百战不殆"的道理。

　　狼群就像是一个氏族部落，有着极为严格的等级制度。它们以家庭为单位，一群狼少则几只，多则几十只。狼群会选择身体最强壮的一只狼作为头狼来带领大家狩猎捕食。

　　狼群有强烈的领地意识，而且通常都在属于自己的领地中活动，对于外来入侵者，狼群会对它发起攻击。狼群之间的领域范围不重叠，互相之间会以嚎声向其他狼群宣告自己的势力范围。

　　幼狼长大后，会留在狼群内照顾弟弟妹妹，也可能继承群内的高级地位，而有的则会迁移出去（大多为雄狼）。

　　当狼群的规模比较大，甚至超过一百只的时候，很容易出现食物短缺的问题。在食物短缺或环境恶劣的情况下，各个小团体的狼首领就会成为头狼，来引导大家迁徙。

会搬家的蚂蚁

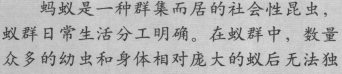

　　蚂蚁是一种群集而居的社会性昆虫，蚁群日常生活分工明确。在蚁群中，数量众多的幼虫和身体相对庞大的蚁后无法独立生活，完全由工蚁喂养。工蚁全部为雌性，但是不能繁育后代，负责觅食和照顾蚁后和幼虫，也负责挖洞、迁徙等较复杂的工作。工蚁有不同的体型和不同的职能分工，工蚁中有些头部和颚较大，负责战斗和保卫蚁巢的工作，这部分工蚁又叫兵蚁。

　　别看蚂蚁长得小，可它们组成的蚁群是非常团结的群体，而且有钢铁一般的意志力。

蚂蚁喜欢聚集在一起生活，很有团队精神。蚂蚁经常到离巢很远的地方寻找食物。当它找到食物，是不会私吞的，它们会有秩序地回巢去"搬兵"，把同伴领来。

它们或者把食物分成小块，各自拿一块带回去，或者同心协力把食物运回巢去。

蚂蚁的种类很多，分布范围非常广泛。在美国的科罗拉多州有一种名叫蜜蚁的蚂蚁，这种蚂蚁特别喜欢甜食，碰到喜欢的食物，蜜蚁就狼吞虎咽，吃得肚皮胀到最大限度为止。这并不是它贪吃，它也不会吃独食，因为蜜蚁在饱餐之后会立即赶回蚁巢，碰上没有进食的伙伴，便主动吐出一点来供它们食用。很多时候蜜蚁会把胀鼓鼓的一肚子蜜汁全部贡献给同伴享用。

分工明确的獴

獴 [méng] 跟蚂蚁的生活方式相似，也过着群居的生活。獴生活在热带和温带地区，爱吃蛇、蛙、蟹、鱼、小鸟和多种昆虫，有时还会爬上树去偷鸟蛋吃。

獴会打洞，在非洲南部干燥辽阔的草原上建立了自己的家园，它们白天待在地面上，经常只是晒晒太阳。

獴在瞭望时，后腿直立，靠尾巴来保持平衡。有一种蛇獴是毒蛇的天敌，再凶猛的毒蛇见它也会退避三舍的。

獴是非常团结的，一般以24只为一群生活在一起。如果有人欺负獴，它们就会一起把敌人打退。獴妈妈都是热心肠，承担临时照看幼儿的职责，即使它脚边的小獴是别的獴的孩子。

　　獴的天敌很多，为了保护种群的安全，獴非常重视岗哨安保工作。在獴的种群里，始终会有一只獴在站岗，防范猎食者的偷袭。一旦有天敌出现，担当哨兵的獴便发出特殊的叫声来提醒所有的同伴注意。它们的预警系统非常有效，甚至能够准确发现 150 米以外的天敌，这给獴家族的生存繁衍 [yǎn] 提供了可靠的保障。

参照教材阅读

动物的家都是什么样子的？

参照人民教育出版社出版的《小学科学》
三年级上册教材第 12 页

爱睡懒觉的树袋熊

树袋熊，又称考拉，是澳大利亚奇特的珍贵树栖动物。树袋熊性情温顺，体态憨厚，长相酷似小熊。树袋熊有一身又厚又软又浓密的灰褐色短毛，胸部、腹部、四肢内侧和内耳皮毛呈灰白色。它们有一对大耳朵，耳有毛丛，鼻子裸露且扁平，没有尾巴，这是因为它的尾

巴经过漫长的岁月已经退化成一个"坐垫"，因而能长时间舒适潇洒地坐在树上生活和栖息。

树袋熊平均每天花18～22小时来睡觉和休息，仅用剩余的4个小时来采食和活动。因为不了解树袋熊的生活习性，过去人们认为树袋熊是采食了桉树叶而中毒，才发生嗜睡的情形。

树袋熊非常挑食，只吃玫瑰桉树、甘露桉树和斑桉树上的叶子。若无桉树叶，树袋熊宁可饿死也不会吃其他的食物。树袋熊一生不饮水，依靠树叶的水分来维持身体的水平衡。

丛林里的懒汉——树懒

　　和树袋熊一样，中美和南美热带雨林中也生活着另外一种动物懒汉——树懒。

　　树懒抱着树枝，竖着身体向上爬行，或倒挂身体，靠四肢交替向前移动。树懒能长时间倒挂，甚至睡觉也保持这种姿势。树懒平时什么事都懒得做，甚至懒得去吃，懒得去玩耍，能一个月以上不吃东西。必须活动时，动作也是懒洋洋的极其迟缓。就连被人追赶、捕捉时，也是若无其事的慢吞吞地爬行。即使面临生命危险，树懒的逃跑速度也超不过0.2米／秒。虽然树懒有脚但是却不能走路，靠的是前肢拖动身体前行。令人意想不到的是，在水里树懒却是地地道道的游泳健将，树懒独有的长而空心的体毛，可以在水面上为其提供很好的浮力。

39

爱家的企鹅

憨 [hān] 态可掬 [jū] 的企鹅拥有众多的粉丝，许多人都喜欢这种生活在地球另一端的稀奇鸟类。据不完全统计，世界上共有18种企鹅，它们全部分布在南半球。无一例外，企鹅都不会飞，但根据化石显示的资料，企鹅的祖先是能够展翅飞翔的。

企鹅首度被发现时，被人们叫做"有羽毛的鱼"。当探险家和科学家到达那里时，它们一点也不害怕，反倒很好奇，还常常成群结队地"迎接"新来的客人。企鹅的身体肥胖，它们的原名是"肥胖的鸟"。

企鹅的体貌与生活

企鹅黑色的"外衣"，恰似一件燕尾服，从远处看，就像一位风度翩翩的绅士。企鹅的羽毛密度比同一体型的鸟类大3～4倍，厚厚的羽毛可以让企鹅抵御严寒的侵袭。企鹅双脚的骨骼坚硬，又短又平。它们退化的小翅膀也

具有非常重要的作用——能够在走路时让企鹅保持身体的平衡，在水里，翅膀就变成企鹅游泳的"桨"，可以用它潜到深水里，捕食那里美味的鱼虾和贝类。企鹅的双眼有平坦的眼角膜，所以可在水里看东西。

　　寒冷的冬季是企鹅的交配期。为了互相吸引，雄企鹅和雌企鹅会面对面的，用它们憨态可掬的舞姿来展示自我风采，并发出像喇叭一样的叫声。企鹅一旦结为夫妻，彼此便恪 [kè] 守海誓 [shì] 山盟 [méng] 的诺言，相伴终生。成家立业后，企鹅的恋巢爱子是出了名的，它们有时会偷取邻居的卵，霸占其他企鹅的巢，把别人家的小企鹅夺过来抚养。因此，企鹅妈妈一刻也不敢离开自己的孩子。

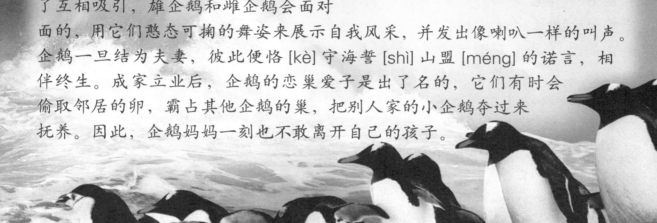

皇帝企鹅

皇帝企鹅，又称帝企鹅，是现存企鹅家族中个头最大的一种。帝企鹅一般平均寿命 19.9 年，也算是企鹅家族中的寿星了。

帝企鹅一般体高在 90～120 厘米左右，体重达 30～40 千克。帝企鹅个个都长得像威武的"壮汉"。帝企鹅生活的海域里鱼虾和头足类动物取之不尽，使帝企鹅们都能够丰衣足食，所以才长了一副好身材。

帝企鹅是企鹅家族中游泳和潜水的冠军。帝企鹅游泳的速度为 5.4～9.6 千米每小时。

为什么帝企鹅游泳速度这么快呢？原来，帝企鹅可以通过羽毛释放数以百万计的泡沫，这些泡沫能减少羽毛和冰冷的海水之间的摩擦，使游泳速度提高许多倍。

海上劫掠者——军舰鸟

军舰鸟是一种大型的热带海鸟，全世界目前已知的有5种。军舰鸟全身羽毛呈黑色，间有蓝色和绿色光泽，喉囊、脚趾为鲜红色。雌鸟下颈、胸部为白色。

军舰鸟一般栖息在海岸边树林中，主要以鱼类和软体动物为食。它们白天常在海面上飞翔，捕捉水中食物。有趣的是，军舰鸟总是懒得亲自动手捕捉食物，而是凭着高超的飞行技能，拦路抢劫其他海鸟的捕获物，并占为己有。由于军舰鸟的这种"抢劫"行为，人们戏称它为"强盗鸟"。

雌雄军舰鸟一同筑巢，雌鸟负责搜集建筑材料——细枝，雄鸟则把细枝铺成一个舒适的窝。雄鸟不但忙于寻找食物，还会协助"妻子"孵卵20天左右。雏鸟破壳而出后，由父母喂养到半岁左右。

军舰鸟胸肌发达，善于飞翔，素有"飞行冠军"之称。它们捕食时的飞行时速可达400千米，是世界上飞得最快的鸟。它们不但能在1200米的高空飞翔，而且还能不停地飞往离巢穴1600多千米的地方，最远处可达4000千米左右。有人曾看见军舰鸟在12级的狂风中临危不惧，在空中安全飞行、降落。

参照教材阅读
动物们每天都吃什么？
你知道如何研究动物的食物吗？
参照人民教育出版社出版的《小学科学》
三年级上册教材第 22 页

美国国鸟——白头海雕

白头海雕，又叫美洲雕，亦有人称之为秃鹰。

其实，"秃鹰"的叫法是不科学的，因为它们全身羽毛丰满。白头海雕为北美洲所特有，是一种大型猛禽。一只成年的白头海雕，体长可达1米，翼展2米多。成年海雕的眼、嘴和脚为淡黄色，头、颈和尾部的羽毛为白色，身体其他部位的羽毛为暗褐色，十分雄壮美丽。它们的体重大约5～10千克，平均寿命15～20年。

白头海雕为了生存而交配，每年春天，会成双成对地在空中跳舞。它们做出像过山车一样的8字图案；有时还互相抓住彼此的脚，在空中像车轮一样滚落下来。白头海雕实行终身配偶制，但是，白头海雕不

像天鹅那样忠贞，如果其中一只先行死去，存活下来的那只会毫不犹豫地接受新的配偶。

　　白头海雕是美国国鸟，无论是美国的国徽，还是美国军队的军服上，都绘着一只白头海雕，它一只脚抓着橄榄枝，另一只脚抓着箭，是力量、自由和不朽的象征。

鸟之仙——鸳鸯

鸳 [yuān] 鸯 [yāng] 是一种小型游禽，栖息于山地河谷、溪流、苇塘、湖泊和水田等地方。鸳鸯以植物性食物为主，兼食小鱼和蛙类。鸳鸯多在我国东北北部、内蒙古繁殖，在东南各省及福建、广东越冬，少数在台湾、云南、贵州等地栖息。福建省屏南县有一条18千米长的白岩溪，溪水清澈，两岸山林恬静，每年有上千只鸳鸯在此越冬，故名"鸳鸯溪"。鸳鸯溪是中国第一个鸳鸯自然保护区。

鸳鸯最有趣的特性是"止则相耦 [ǒu]，飞则成双"。千百年来，鸳鸯一直是夫妻和睦相处、相亲相爱的美好象征，也是中国文艺作品中坚贞不移的纯洁爱情的

化身，备受赞颂。因此，"鸳鸯戏水"成为中国传统装饰纹样之一。图案一般由成双成对的鸳鸯构成，并且多配以开满莲花的池塘图案。鸳鸯图案运用的领域十分广泛，包括刺绣、铜器、金银器、玉器、书画、瓷器、家具装饰、床褥、建筑雕刻、服饰、丝织品等，尤其是新婚用品多以鸳鸯图案装饰，目的是希望新人天长地久、美满幸福。

不过，现代人通过多年的观察发现，鸳鸯并不像传说中的那么痴情，它们只在繁殖的季节里生活在一起，等过了这段时间，它们就会分开了。

海中鸳鸯——蝴蝶鱼

蝴蝶鱼犹如美丽的蝴蝶而得名。人们若要在珊瑚礁鱼类中选美的话，那么最富绮 [qǐ] 丽色彩和引人遐 [xiá] 思的当首推蝴蝶鱼了。

蝴蝶鱼对爱情忠贞，非常专一，它们成双成对在珊瑚礁中游弋、戏耍，总是形影不离。当其中一条鱼进行捕食时，另一条就在其周围警戒。许多蝴蝶鱼有极巧妙的伪装，它们常把自己真正的眼睛藏在穿过头部的黑色条纹之中，而在尾柄处或背鳍后留有一个非常醒目的"伪眼"，常使捕食者误认为是其头部而受到迷惑。

长幼有序的小丑鱼

小丑鱼的身体色彩艳丽，多为红色、橘红色，体长仅5～6厘米。因为它的身体上有两条或三条白色条纹，好似京剧中的丑角，所以称为小丑鱼。小丑鱼因为体态可爱，深受人们的喜爱。

小丑鱼生活在极深的大海里面，它们喜欢群体生活，几十尾鱼儿组成一个大家族，其中也分长幼、尊卑。如果有的小鱼犯了错误，就会被其他鱼儿冷落。如果有的鱼受了伤，大家会一同照顾它。可爱的小丑鱼就这样相亲相爱、自由自在地生活在一起。

小丑鱼在产卵期，雄鱼和雌鱼有护巢、护卵的行为，卵在一星期左右孵化。小丑鱼在成熟的过程中有性转变的现象，在族群中雌性能够享受很多特权。

海葵有会分泌毒液的触手，小丑鱼身上也有独特的黏液，所以海葵伤得了别的鱼类，却伤不了小丑鱼，海葵反倒成了小丑鱼的守护神。当然小丑鱼也不白住在海葵丛中，小丑鱼会帮海葵清理废物，有时还会将找到的食物拿回"家"来，这样海葵就有免费的食物了。而当小丑鱼遇到危险时，海葵会用自己的身体把它们包裹起来，来保护弱小的小丑鱼。

珊瑚虫绚丽而长寿的一生

美丽的珊瑚产于温暖的海洋地区，主要产地有两个——一是从日本到中国台湾的沿海地带，二是地中海沿岸地带。珊瑚的硬度类似青金石，性脆易断裂，有红、粉红、白、黑等色，以红色为上品。红珊瑚红艳如火，古代称"火树"。珊瑚的形状似树枝，化学成分为碳酸钙，不透明或微透明，质地细腻，油脂状。

事实上，人们看到的珊瑚是珊瑚虫留下的尸体堆积成的！珊瑚虫是一种腔肠动物，它们的食物是海洋里细小的浮游生物，它们在生长的过程中会分泌出石灰石。这些小小的珊瑚虫一群一群地聚居在一起生活，一代代生长繁衍，石灰石黏合在一起就形成了珊瑚礁。

珊瑚虫没有头和躯干，只有圆柱形身体，顶端有触手，用来抓住海洋里漂浮着的美味食物。

大部分动物的年龄都不容易判断，但珊瑚是一个例外，原因在于珊瑚会因季节的变化，累积形成较疏松或较紧密的骨骼。有些珊瑚高达12米，按每年生长1厘米的速度推算，这样的珊瑚应该已经有1000年的寿命了。珊瑚没有老化现象，永远不必担心它会变老。年龄越大、长得越大的珊瑚，越不容易死亡。

参照教材阅读
动物的生长过程是怎样的？
参照人民教育出版社出版的《小学科学》
五年级下册教材第 31 页

2 动物的独门绝技

会吐墨汁的章鱼

章鱼，有着与头部连在一起的八只像带子一样的腕，所以人们又称它为"八爪鱼"。章鱼的腕间有膜相连，长短相等或不相等；腕上具有两行无柄的吸盘。

章鱼的神奇本领

章鱼多栖息于浅海沙或软泥底以及岩礁处，以小动物为食。春末夏初，章鱼喜欢在螺壳中产卵。秋冬季常穴居在较深海域的泥沙中。

说起章鱼，它可是海洋里的一位霸主。章鱼力大无比、残忍好

斗，又足智多谋，所以不少海洋动物都怕它。章鱼的身体里面有墨囊，而且所含的墨汁是含有毒素的。它还有强大的吸盘——如果我们捉到一个小章鱼，把它拿在手里，它会马上用吸盘紧紧吸住我们的手，要想把它取下来还很费力呢！别看章鱼张牙舞爪的样子好像很大，但却能把自己庞大的身体缩在一个小椰子壳里。这样章鱼身边的猎物就不会轻易地发现它们，以方便它们抓到最爱吃的虾蟹。

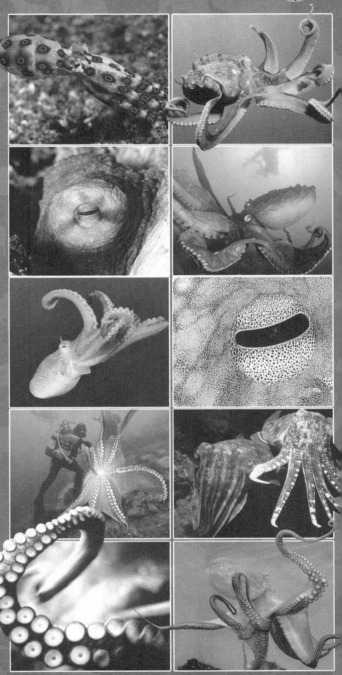

聪明的章鱼

章鱼是一种聪明的动物，经过训练的章鱼还能成为人类的好帮手呢。在南太平洋的小岛上，有一些渔民会利用章鱼来捕鱼。他们用绳绑住章鱼，放入海里，当绳子激烈抖动时，把它拉上来，取走章鱼触手中的鱼，然后给章鱼喂一些螃蟹，再放入水中。时间一久，章鱼就形成了"记忆"，

这时渔民就不再需要用绳子把章鱼拴住了。章鱼会每天按时游到珊瑚礁边，等待主人赏赐螃蟹，然后章鱼会自动将在深海中捕到的鱼交给渔民。渔民和章鱼这样的交易是一种双赢。

章鱼不仅能帮助人类捕鱼，还会建造属于自己的房屋。章鱼非常在意自己巢穴的舒适度，它们会用强大的腕搬运石料，在垒起围墙后，还会在围墙上面放上石头"屋顶"。

参照教材阅读
为了适应环境的变化,
动物们都掌握了哪些特殊本领?
参照人民教育出版社出版的《小学科学》
六年级下册教材第 22 页

"横行" 天下——蟹

蟹是一种神奇的小动物，硬硬的蟹壳和尖利的蟹爪是它们的骨骼，这种由几丁质构成的外壳给蟹装了一层坚韧的"钢盔"。蟹不仅是人们爱吃的水产，还有一种"横行"的本领。

横着走的伪装蟹

　　自然界中，多数蟹是海生的，以热带浅海种类最多。蟹的身上盖满了海草和形如海绵的水生动物，它们用细小的挂钩固定在蟹身上。等到这些活着的装饰物长大，在蟹的身体上就形成了一个覆盖层——这就成为了蟹天然的伪装。

　　螃蟹为什么要横着走呢？原来，岩石中的磁场不但会改变方向，而且还经常倒转。螃蟹对地磁场很敏感，又因为螃蟹"资历"较老，它们从祖先开始经历了不止一次的磁场倒转，所以，它们不得不采取折中的解决办法——既不向前进，也不向后退，而是横着行走。

定位回巢的招潮蟹

居住在海边的人们，根据潮涨潮落的规律，赶在潮落的时机，到海岸的滩涂和礁石上打捞或采集海产品，称为赶海。人们在赶海的时候经常会遇到一种小蟹，这种小蟹与潮汐有密切关系，因此叫"招潮蟹"。

招潮蟹对潮汐特别敏感——涨潮的时候，招潮蟹会挥舞大螯完成撤退行动，迅速钻进洞里藏好身体；潮水退却，招潮蟹就从沙里爬出来，悠闲自在地在阳光下爬行。无论潮涨潮落，招潮蟹的活动始终以自己的洞穴为中心，当它爬出洞穴到外边行走时，常常将它的洞穴作为自己最主要的参照物。但是，潮水涨落会使招潮蟹的洞穴附近淤积起一些异物或沙堆，而改变了洞穴的外貌，那招潮蟹怎么来寻找自己的"家"呢？招潮蟹早就想

好了主意——招潮蟹是天生的"数学家"，它们依赖于大脑中天生具有的数学计算能力，每走一步，都会默默记住自己的步伐长度和行走方位，只要记住自己移动到了哪里，找回自己的洞穴就易如反掌了。

会放电的鳐鱼

鳐鱼是多种扁体软骨鱼的统称，分布于全世界大部分水区，从热带到近北极水域，从浅海到2700米以下的深水处都能见到它们。鳐鱼体呈圆或菱形，胸鳍宽大，由吻端扩伸到细长的尾根部。有些种类具有尖吻，由颅部突出的喙软骨形成。

约1.8亿年前，鳐鱼是鲨鱼的同类，但为了适应海底生活，它们长期将身体藏在海底沙地里，便慢慢进化成现在的模样。鳐鱼并不凶悍，也不会主动袭击人。

许多鳐鱼都是不爱游动的底栖鱼，常常部分埋于水底泥沙中。

　　电鳐的放电特性启发人们发明和创造了能贮存电的电池。电鳐为什么会放电呢？原来，电鳐是活的"发电机"。它尾部两侧的肌肉，是由6 000 ～ 10 000 片肌肉薄片有规则地排列而成的，薄片之间有结缔组织相隔，并有许多神经直通中枢神经系统。每枚肌肉薄片像一个小电池，只能产生 150 毫伏的电压，但近万个小电池串联起来，就可以产生很高的电压。

参照教材阅读
电是怎样产生和输送的？
参照人民教育出版社出版的《小学科学》
四年级下册教材第 40 页

凶残的围剿者——食人鱼

在安第斯山脉以东、南美洲的中南部河流，以及巴西、圭亚那的沿岸河流，生活着一种凶残的食人鱼。食人鱼又叫食人鲳 [chāng]，栖息在主流和较大支流的河宽甚广处和水流较湍急处。成鱼主要在黎明和黄昏时觅食，以昆虫、蠕虫、鱼类为主；活动以白天为主，中午会到有遮蔽的地方休息。

食人鲳的"围剿战术"

成熟的食人鲳雌雄外观相似，具有鲜绿色的背部和鲜红色的腹部，体侧有斑纹。两颚短而有力，下颚突出，牙齿为三角形，尖锐、上下互相交错排列。牙齿的轮流替换使其能持续觅食，而强有力的齿列可引致严重的咬伤。

平时在水中称王称霸的鳄鱼，一旦遇到了食人鲳，也会吓得缩成一团，翻转身体面朝天，把坚硬的背部朝下，立即浮上水面，使食人鲳无法咬到自己柔弱的腹部。

食人鲳有胆量袭击比它们自身大几倍甚至几十倍的动物，而且还有一套行之有效的"围剿战术"。食人鲳是群居生活的，时常几百条、上千条聚集在一起，因此有"水中狼族"之称。当它们猎食时，食人鲳总是首先咬住猎物的致命部位，使其失去逃生的能力，然后成群结队地轮番发起攻击，一个

接一个地冲上前去猛咬，其速度之快令人难以置信。

食人鲳可以在10分钟内将一头活牛吃得只剩一堆白骨。在亚马孙河、圭亚那河、巴拉圭河等河是食人鲳经常出没的地方，当地人常用它们的牙齿来做工具和武器。

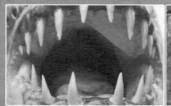

断尾再生——壁虎

壁虎是蜥蜴的一种，能在墙壁上爬行，远远望去，就像一块泥巴。壁虎吃蚊、蝇、蛾等小昆虫。它们生活在建筑物内，晚上出来活动。壁虎有一对适于在暗处观物的大眼睛，但没有活动的眼睑，眼皮不能自由地张合闭启。所以，壁虎即使死后也是睁着眼睛的。

壁虎的瞳孔是纵长的，在明亮的地方会眯成一条细线，在黑暗的地方则张开成一条宽缝。壁虎因为无法闭合眼睛，所以需要用舌头来舔舐眼球以保持清洁。

在墙壁上行走

　　为何壁虎能在墙壁上或天花板上"飞檐走壁"呢？

　　原来壁虎有非常独特的足。壁虎的趾间无蹼，足端膨大为软垫，上有许多微绒毛覆盖的鳞片，其毛由角蛋白质组成，长 90 微米，直径 10 微米，长成"钩子"的模样。壁虎借助着趾上成千上万这样的微钩，对物体表面的细小突起能轻易地抓住，以保持身体平稳，并能快速地前进。于是，即使在看起来十分光滑的玻璃表面也有足够的突起供它抓握，更不用说是凹凸不平的墙面了。

断尾再生

壁虎受到外敌侵扰时，尾巴可自行截断，以后还能再生出新尾巴。

断尾逃生是壁虎的成名绝技，壁虎遇到强敌或攻击时，能够断尾逃生。这在生物学上叫做"残体自卫"或"自截"，而且可以在尾巴的任何部位发生"自截"。

断尾发生的地方位于同一椎体中部的特殊软骨横隔处。这种特殊横隔构造在尾椎骨骨化过程中形成，因尾部肌肉强烈收缩而断开。软骨横隔的细胞终身保持胚胎组织的特性，可以不断地进行分化。所以壁虎的尾巴断开后，过一些日子又能再生出新的尾巴。但是，壁虎的再生尾中没有分节的尾椎骨，而只是一根连续的骨棱，鳞片的排列及构造也与原来的尾巴不一样。

同样能再生触手的海星

海洋里的海星是一种食肉动物，通常有5个腕，也有4或6个的，甚至还有多达40个腕的。在海星的腕下侧并排长有4列密密的管足，这些管足既能捕获猎物，又能让自己攀 [pān] 附岩礁，大个儿的海星有好几千个管足。海星的嘴在其身体下侧中部，可与海星爬过的物体表面直接接触。海星的体型大小不一，小到2.5厘米、大到90厘米，体色也不尽相同，几乎每只都有差别，颜色最多的有橘黄色、红色、紫色、黄色和青色等。

大多数海星都有一种本领，即将胃的内壁伸出来甚至能把胃吐出来。海星一旦把胃的有效部分伸到外边，便可消化掉任何能触到的食物。更

不寻常的是，海星竟能把"嘴"塞进猎物紧闭硬壳上的微孔里，然后将猎物消化掉。

海星能迅速再生，如果海星的一只触手被切断，过一段时间便能长出新的触手。而少数海星切下的触手本身还能长成一整只海星。

神秘的毒蛇

蛇是无足爬虫动物的总称。

蛇的身体细长，四肢退化，无足、无可活动的眼睑，无耳孔，无四肢，身体表面覆盖有鳞，以鼠、蛙、昆虫等为食。

中国境内具有代表性的毒蛇有莽山烙铁头、五步蛇、竹叶青、眼镜蛇、蝮蛇和金环蛇等。荫蔽、潮湿、杂草丛生、树木繁茂且饵料丰富的环境，是蛇栖居、出没、繁衍的场所，也有的蛇栖居于水中。

蛇有冬眠的习性，到了冬天便盘踞在洞中睡觉，一睡就是几个月，不吃不喝，一动不动地保持体力。待到春暖花开，蛇苏醒了，才开始外出觅食。

所有的蛇都有毒吗

现在世界上有蛇类 2 200 多种，分别隶属 10 科，其中有毒蛇 600 余种，而对人有致命危险的主要毒蛇有 195 种。在我国各省都有蛇的分布，但大部分蛇种集中于长江以南的西南各省，已知共有蛇类 174 种，有毒的占 48 种，其中陆地常见的主要毒蛇有 10 种，海生毒蛇 10 余种。

蛇主要是用口来猎食。无毒蛇一般靠其上下颌着生的尖锐牙齿来咬住猎物，然后快速用身体把活的猎物缠死或压得比较细长再吞食。毒蛇还可靠它们的毒牙来注射烈性毒液，使猎物被咬后立即中毒而死。蛇也喜欢偷食蛋类，有些是先以其身体压碎蛋壳后才进食。

剧毒的眼镜蛇

眼镜蛇，俗称五毒蛇，是眼镜蛇属下蛇类的总称，主要分布在亚洲、非洲的热带和沙漠地区。眼镜蛇最明显的特征是它们的颈部皮褶，这个部位可以向外膨起用以威吓敌人。眼镜蛇依靠其神经性毒液杀死猎物。这种毒液可阻断神经肌肉传导，被眼镜蛇咬过的人会出现肌肉麻痹而致命。

虽然眼镜蛇的毒液是致命的，但是它们也有天敌，这其中包括灰獴和一些猛禽。獴靠速度取胜，可以直接嚼食眼镜蛇头部，但是在搏斗过程中眼镜蛇也会咬到獴，獴就会因此昏厥数小时后靠自体排毒苏醒过来，但少部分也会被眼镜蛇吞噬。

在古埃及文化中，眼镜蛇扮有着相当重要的角色，许多法老的头饰上都有形如眼镜蛇的头部饰物。

森林医生——啄木鸟

　　啄木鸟是著名的森林益鸟，除了能消灭树皮下的害虫如天牛幼虫等以外，其凿木的痕迹还可以作为森林采伐的标记。

聪明的森林帮手

　　啄木鸟以在树皮中探寻昆虫和在枯木中凿洞为巢而著称。它们能够在树干和树枝间以惊人的速度敏捷地跳跃。它们能够牢牢地站立在垂直的树干上，

80

这与它们足的结构有关。啄木鸟的四个足趾上有两个足趾朝前，一个足趾朝向里侧，一个足趾朝后，趾尖有锋利的趾甲。啄木鸟的尾部羽毛坚硬，可以立在树干上，为身体提供额外的支撑。它们坚硬的喙能够飞速地在树皮上啄出一个深深的小洞，并闪电般伸出长长的舌头捕捉到昆虫。啄木鸟对控制树木虫害非常有益，被人们称为"森林医生"。

啄木鸟长着毛发状的刚毛，可使它们的鼻孔免于被到处飞扬的木屑与碎木片所伤。它们的头颅很坚硬，而一个具有保护垫的头盖骨则可防止频繁凿木头诱发头痛。

春临大地时，雄啄木鸟会停站在树上发出响亮的叫声，表明这里是自己的地盘，警告异己不得侵犯。当雄啄木鸟拼命啄木，故意发出声响时，有时并非是发现树木有了虫害，而是为了求偶所做出的卖力的表演。它以不同频率、一连串类似打击乐的击木声，来吸引、呼唤雌鸟。

啄木鸟的"新房子"

啄木鸟喜欢生活在树枝和树干上，运用它们的钻木技术来建筑巢穴。在温暖而舒适的巢穴里，啄木鸟可以轻而易举地躲避敌害和恶劣的天气。

啄木鸟有个怪脾气，它们只住"新房子"。每年啄木鸟都会开凿新的窝巢，它们绝不会将就地去住去年"年久失修"的"老房子"！啄木鸟在修建新居时，往往都先多凿几个洞，然后再选择一个自己最满意的居住。那些不会凿洞的鸟兽，常把啄木鸟废弃的洞作为自己的巢穴。

最早的邮递员——鸽子

几万年以前，家鸽的祖先野鸽就成群结队地在天空飞翔，在海岸险岩和岩洞峭壁筑巢、栖息和繁衍后代。鸽子的反应非常机敏，易受惊扰，警觉性很高，闪光、怪音、移动的物体、异常颜色等均可引起鸽群骚动和飞扑，因此鸽子在军事领域可作为示警的"哨兵"。

鸽子具有本能的爱巢 [cháo] 欲，归巢性强，还具有很强的记忆力，它对固定的饲料、饲养管理程序、环境条件和呼叫信号均能形成一定的习惯，甚至产生牢固的条件反射。根据它的这一特点，早在公元前 3 000 年左右，埃及人就开始用鸽子传递书信了。中国古代也是如此。当离家的人们要给家乡的亲人报平安时，就会把信绑在从家里带来的鸽子腿上，然后让鸽子把消息带回家。

　　把鸽子作为世界和平的象征并为人们所公认，这件事应该感谢毕加索。1950年11月，为纪念在华沙召开的世界和平大会，毕加索欣然挥笔画了一只衔着橄榄枝的飞鸽。当时智利的著名诗人聂鲁达把它叫做"和平鸽"，由此，鸽子在世界上被公认为是和平的象征。

带着宝宝跳跃的袋鼠

袋鼠是澳大利亚具有代表性的动物之一。袋鼠有很多种类，但有一个共同的特点，就是长有育儿袋，且长着长脚的后腿强劲而有力，非常善于跳跃。

会跳远的袋鼠

袋鼠是动物界中的跳高跳远冠军，它们经常以跳代跑来前进，最高可跳4米，最远可跳13米。大多数袋鼠具有非常强健的后腿，通过它们的跳跃方式，很容易便能将其与其他动物区分开来。

尾巴对于袋鼠来说有着非常重要的作用，袋鼠在跳跃过程中用尾巴来维持身体的平衡，当它们缓慢走动时，尾巴又可作为第五条腿来使用。

19世纪的澳大利亚短跑运动员舍里尔曾经为自己的短跑成绩停滞不前而苦恼，1888年，他观察袋鼠虽然拖了个大袋子，大腹便便，可是它仍然可每小时跑70多千米，跳一步可达12米。舍里尔发现袋鼠跑跳前总是先向下屈身，把腹部贴近地面，然后靠其强有力的后腿一蹬，便以子弹出膛般的神奇速度奔跑起来。舍里尔便开始研究袋鼠的运动方式，并为自己所用，果然，自己的短跑成绩获得了很大提高。

袋鼠的育儿袋

　　袋鼠是低等哺乳动物的典型代表。雌性袋鼠一般都有属于自己的育儿袋，除少数外均无胎盘，幼兽在很幼小的时候就被袋鼠妈妈生出来，处于发育得极不完全的阶段，因此必须留在母亲的育儿袋内，直到发育完成为止。要是没有温暖的育儿袋，

估计袋鼠宝宝们难以成活下来。

　　小袋鼠生下后，会被袋鼠妈妈小心翼翼地抚养在育儿袋内。直到6～7个月才开始短时间地离开育儿袋学习适应外界的生活。一年后，小袋鼠开始正式断奶，可以离开育儿袋独立生活，但仍活动在袋鼠妈妈的周围。有时候，离开育儿袋的调皮小袋鼠还会吃妈妈的奶水。一般情况下，得需要经过三四年的时间，袋鼠才能真正发育成熟，成为身高1.6米左右、体重100多千克的成年袋鼠。

会倒飞的蜂鸟

蜂鸟是世界上已知的最小的鸟，大小仅仅和一只个头大点的蝴蝶相差无几。蜂鸟主要分布在南美洲。蜂鸟的身体十分小巧，两翼很灵活，每秒钟能扇动翅膀70次左右。蜂鸟的喙细长，这样蜂鸟就能够轻松把嘴插进花冠，舔食花蜜。蜂鸟的翅膀呈桨片状，很长，能上下飞、侧飞和倒飞，还能滞空飞翔，让自己可以停留在花前取食花蜜和昆虫。

蜂鸟的体态优美，色彩艳丽，在花丛中飞来飞去，十分招人喜欢。

尽管蜂鸟的大脑最多只有一粒米那么大，但它们的记忆能力却很好。蜂鸟不但能记住自己刚刚吃过的食物种类，甚至还能记住自己大约在什么时候吃的东西，因此可以轻松地找到那些还没有被自己"品尝"过的东西。

参照教材阅读

小鸟为什么能掌握飞翔本领？
参照人民教育出版社出版的《小学科学》
三年级上册教材第 50 页

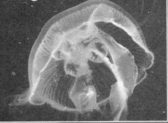

会发光的水母

　　水母是一种非常漂亮的水生动物，它虽然没有脊椎，但身体却非常庞大，主要靠水的浮力支撑其巨大的身体。

　　水母身体里的主要成分是水，并由内外两胚层所组成，两层间有一个很厚的中胶层，不但透明，而且有漂浮作用。它们的身体外形像一把透明伞，伞状体直径有大有小，大水母的伞状体直径可达 2 米。从伞状体边缘长出的一些须状条带，这种条带叫触手，触手有的长达30 米，相当于一头鲸鱼的长度。浮动在水中的水母，向四周伸出长长的触手，有些水母的伞状体还带有各色花纹。在蓝色的海洋里，这些游动着的色彩各异的水母显得十分美丽。部分种类的水母会利用本身的发光器官发出生物光，一般夜间在海面上所看见的大片闪亮的"火海"，便是由水母及其他会发光的浮游生物或细菌所产生的光芒。

水母的触手上布满了刺细胞，像粘在触手上的一颗颗小豆粒。这种刺细胞能射出有毒的丝，当遇到敌人或猎物时，就会射出毒丝，把敌人赶跑或将其毒死。

水母中赫赫有名的箱水母，又叫海黄蜂，有足球那么大，蘑菇状，近乎透明。一个成年的箱水母，触须上有几十亿个毒囊和毒针，足够用来杀死20个成年人，毒性之大可见一斑。它们的毒液主要损害动物的心脏功能，当箱水母的毒液侵入人的心脏时，就会使心脏不能正常供血，导致人迅速死亡。

能吃的水母

　　大家一定不知道，我们平时吃的海蜇 [zhé] 就是水母。海蜇的营养极为丰富，据测定：每 100 克海蜇含蛋白质 12.3 克、碳水化合物 4 克、钙 182 毫克、碘 132 微克以及多种维生素。

　　海蜇这种轻柔飘逸的动物，常引起人们极大的好感和兴趣。但是，新鲜海蜇的刺丝囊内含有毒液。捕捞海蜇或在海上游泳的人接触海蜇的触手时会被触伤，引致红肿热痛、表皮坏死，并伴有全身发冷、烦躁、胸闷、伤处疼痛难忍等症状，严重时可因呼吸困难、休克而危及生命。

会发光的萤火虫

地球上还有另一种会发光的动物，那就是萤火虫。事实上，只有雄性的萤火虫才会发光。雄性萤火虫发光是为了求得雌性萤火虫的青睐，它们通过腹部末端的发光器，产生闪烁不定的闪光。看到闪光，得到召唤的雌性萤火虫便迅速做出反应，飞向雄性萤火虫。

在晋朝时，有个很贫穷的书生，他很喜欢学习，想通过学习改变命运。他为了省下点灯的油钱，就捕捉许多萤火虫放在多孔的盒子内，利用萤火虫的光来看书。通过他的努力，最后书生把官做到吏部尚书。

参照教材阅读
光的来源是什么？
还有哪些动物会发光？
参照人民教育出版社出版的《小学科学》
四年级下册教材第 6 页

演员——鹦鹉

鹦鹉有着美丽无比的羽毛，其中有些鹦鹉还会模仿人类的语言，深受人们欣赏和喜爱。目前，鸟类学家已确定我们这个星球上生存着325种鹦鹉，其中我国有7种。它们一般以配偶和家族形成小群，栖息在林中树枝上，自筑巢或以树洞为巢，食浆果、坚果、种子、花蜜等。体型最小的鹦鹉是生活在马来半岛、苏门答腊、婆罗洲一带的蓝冠短尾鹦鹉，身长仅有12厘米。

鹦鹉大多色彩绚丽，音域高亢，那独具特色的钩喙使人们很容易识别这些美丽的鸟儿。它们聪明伶俐，善于学习，经训练后可表演许多新奇有趣的节目，是不可多得的鸟类"表演艺术家"。有些鹦鹉的舌尖较圆，与人舌有点相似，经过训练，它们可以学会一些简单的人类语言。不过，鹦鹉只能发出一些简单的声音，根本不懂"说"的是什么。它们总是不分时间、地点重复着一些话，常会因为"误会"弄得大家啼笑皆非。鹦鹉不仅可以模仿人的声音，还可以"说"人类的语言，甚至还会背诗。

有些地方把鹦鹉作为智慧的象征。在位于加勒比海的多米尼克共和国，鹦鹉被奉为国鸟。在这个国家的国徽上是一只名叫"西色罗"的金刚鹦鹉，它是这个中美洲岛国独立自强的象征。

长寿的龟

　　龟是世界上现存的最古老的爬行动物之一。龟身上长有非常坚固的甲壳，受袭击时可以把头、尾及四肢缩回龟壳内。大多数龟为肉食性，以蠕虫、螺类、虾及小鱼等为食，也食用植物的茎叶。龟通常可以在陆上及水中生活，也有长时间在海中生活的海龟。龟是长寿动物的代表，有些龟可以活几百年。

　　龟分布于世界大部分地区，至少在1亿年前龟的祖先就在地球上存在了。龟种类很多，现存200～250种，多为水栖或半水栖，多数分布在热带或接近热带地区，也有许多可见于温带地区。有些龟是陆栖，少数栖于海洋，其余生活于淡水中。

　　龟的用途非常广泛，可为人类提供肉、蛋和龟甲，有些种类则被当做宠物。在英国通常称非海龟类为陆龟，在美国一些可食用的龟被称为水龟。

海龟漫长的一生

　　海龟的寿命很长，是动物中当之无愧的老寿星。海洋里生存着下列几种海龟：棱皮龟、玳瑁、橄榄绿鳞龟、绿海龟、丽龟和平背海龟等。所有的海龟都被列为濒危动物。海龟是存在了1亿多年的史前爬

　　行动物。大多数海龟生活在比较浅的沿海水域、海湾、珊瑚礁和流入大海的河口等地方。我们在世界各地温暖舒适的海域大都可以发现海龟。

　　在成熟之前，雄性海龟和雌性海龟的体态是一样的。当雄性海龟成熟时，尾巴变长变厚。不同种类的海龟有不同的成熟年龄。玳瑁3岁就成熟了，绿海龟在20～50岁才会成熟。海龟一定要在陆地上产卵，一次可以产50～200枚乒乓球状的卵，但是幼海龟成活的概率只有千分之一。

亚洲龟危机

在亚洲动物保护事业所面临的诸多挑战之中，龟类所面临的灭绝威胁表现得尤其突出。

在过去的十年里，海滩的发展大大减少了海龟筑巢的场所。母海龟不再上岸产卵的原因有很多：人类的活动和噪音及垃圾挡住海龟的去路，如果海龟吃掉这些垃圾，可能会导致它们死亡；海滩的人造灯光让海龟误以为是白天，误导了它们的夜间产卵，也会使刚刚孵化出来想要回到海里的小海龟失去方向。

参照教材阅读
海水究竟是怎么被污染的？
参照人民教育出版社出版的《小学科学》
六年级下册教材第50页

中国传统文化中的龟

　　龟是古代传说中具有灵性的四种动物之一，这四种动物是龙、凤、龟、麟 [lín]。古人认为龟能卜吉凶，象征着长寿，因此龟纹曾广泛流行于封建社会，并成为古代的常见装饰纹样。龟纹多用于古代青铜器、建筑、瓷器、玉器的装饰。通常的形象是四足趴伏，伸头，拖尾，背上满缀圆斑或涡 [wō] 纹等，经常与鱼、鹤一起组成吉祥纹样，寓意长寿、富贵。

　　古代相书中说足履 [lǚ] 龟纹是公侯之相，因此汉代俸禄为 2 000 石 [dàn] 以上的官，其官印都是以龟为钮，唐朝沿用了这一做法，也以龟钮装饰官印，甚至武则天时期还将代表统兵大权的鱼符改成龟符。由此可知龟也是权力的象征，代表高官厚禄。

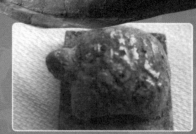

满身是牙的鲨鱼

  鲨鱼被认为是海洋中最凶猛的动物，它们身体坚硬，肌肉发达，有一个呈新月形的垂直向上的尾鳍。

  鲨鱼游泳时主要是靠身体像蛇一样的运动并配合尾鳍像橹 [lǔ] 一样的摆动来向前推进，并用多少有些垂直的背鳍和水平调度的胸鳍来稳定和控制身体。多数鲨鱼只能前进不能倒退，因此它们很容易陷入像刺网这样的障碍中，而且一陷入就难以自拔。

全身都是"牙"

从某种意义上讲鲨鱼全身都是"牙"，其体表覆盖的盾鳞构造和牙齿相近，可以称为"皮肤牙齿"。鲨鱼的牙齿有几百颗，还可以移动，因此鲨鱼不用担心牙齿不够用，具有大量牙齿的鲨鱼拥有很强的攻击力。

攻击性最强的鲨鱼是大白鲨。科学家们发现，大白鲨的主要食物是鱼类、海豹、鲸鱼尸体等一切能吃到嘴里的东西。而大白鲨之所以袭击人类，其实完全是出于好奇！

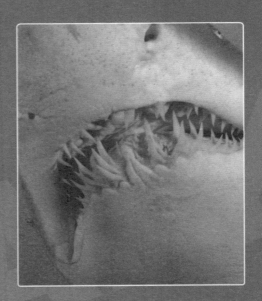

它是在用啃咬的方式来探索不熟悉的目标。可它不知道，这对于人类来说却是致命的。鲨鱼有着"海洋魔鬼"的称号，当鲨鱼追逐鱼群时，会张开血盆大口，一下子就能吞掉几十条鱼，有时还能咬杀掉比自己大的海洋生物。

大洋洲海岸生活着一些噬人鲨。噬人鲨在海水中对气味特别敏感，尤其对血腥味，有伤病的鱼类或者动物出的少量血，都可以把它从远处引来！还有更令人惊奇的，噬人鲨的胃口极好，它能吃下尼龙大衣、笔记本、碎布片、皮靴、舰艇的号码牌以及羊腿及钢盔等等，真是个贪吃的家伙！

鲨鱼的向导

可怕的鲨鱼也有自己的小伙伴。很多鲨鱼的身边有着形影不离的小伴侣——向导鱼。向导鱼常在鲨鱼身边游来游去，它的体长不过30厘米，凶猛的鲨鱼却不会把它们吞噬掉。因为，向导鱼会给鲨鱼做可靠的"向导"，把鲨鱼引向鱼群集结的海域，让鲨鱼美餐一顿。而向导鱼收获的是一些鲨鱼吃剩的食物。鲨鱼和向导鱼的合作亲密无间，向导鱼为鲨鱼寻找食物，而鲨鱼则可以保护向导鱼，并

能提供一些"残羹剩饭"给向导鱼果腹，遇到危险时还可以躲在鲨鱼的嘴里。

107

伪装高手——竹节虫

　　竹节虫是昆虫界著名的伪装大师，可以把自己隐藏得很好，很难被敌人发现。在婆罗洲雨林发现的巨型竹节虫，人们觉得它非常珍贵，被制成标本保存于伦敦自然历史博物馆，据说这是世界上最长的竹节虫，这只竹节虫有55厘米长。

　　当竹节虫栖息在树枝或竹枝上时，就像一枝枯枝或枯竹。当竹节虫受惊落在地上后，还能装死不动。

　　竹节虫身体修长，前胸短，中、后胸长，触角和前足叠在一起伸向前方，整个身体就像有分枝的竹子或枯黄的树枝。竹节虫保护自己的方式很奇特，它根本无需寻找隐蔽所，因为只要它在枝条间一动不动就已极难被发现了。竹节虫还有一种逃生的绝招——装死，在逃无可逃的情况下，面对敌人，竹节虫就假死过去，从枝条间跌落，僵直不动，跟地面的枯枝融为一体，借以逃避敌人的戕 [qiāng] 害。

　　竹节虫喜欢在夜间活动，白天的大多数时间里，竹节虫只是静静地待着不动，这样很难被敌人发现。

　　竹节虫伪装得十分巧妙，它只有在爬动时才会被发现。当它受到侵犯起飞时，突然闪动的彩光会迷惑敌人。但这种彩光只是一闪而过，当竹叶虫着地收起翅膀时，它就突然消失了。这被称为"闪色法"，是许多昆虫逃跑时使用的一种方法。

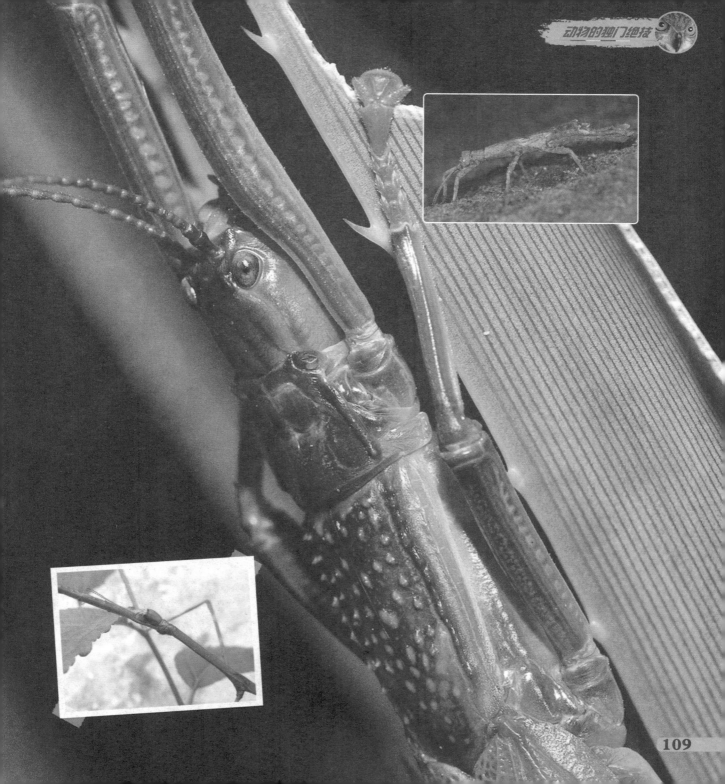

可以十多天不喝水的骆驼

　　面对茫茫的大沙漠，人类一般都会望而却步，而骆驼却生活得很惬意。骆驼四肢长，足柔软、宽大，适于在沙地上或雪地上行走。胸部及膝部有角质垫，跪卧时用以支撑身体。奔跑时表现出一种独特的步态，同侧的前后肢同时移动。

　　食物丰富时，骆驼将脂肪储存在驼峰里，条件恶劣时，骆驼就会利用身体内的这些储备。驼峰内的脂肪不仅可用作营养来源，脂肪氧化还可以产生水分。因此骆驼能不食不饮数日，骆驼17天不饮水仍可存活下来。骆驼体内水分丢失缓

慢，脱水量达体重的25%时仍然没有不利的影响。骆驼是十足的"大胃王"，它们能一口气喝下100升水，并在数分钟内恢复丢失的体重。因为骆驼的这些特性，人们称它们是"沙漠之舟"。

骆驼的耳朵里有毛，能阻挡风沙进入；双重眼睑和浓密长长的睫毛，可防止风沙进入眼睛；鼻翼还能自由关闭。这些"装备"使骆驼一点也不怕风沙。沙地软软的，人脚踩上去很容易陷入，而骆驼的脚掌扁平，脚下有又厚又软的肉垫子，这样的脚掌使骆驼在沙地上行走自如，不会陷入沙中。骆驼的皮毛很厚实，冬天沙漠地带夜晚非常寒冷，而厚实的皮毛对保持体温极为有利。

沙漠里的鸵鸟

　　鸵鸟是鸟类中体型最大的种类，并且奔跑速度很快，一般动物是追不上的！

　　在遇到危险的时候，鸵鸟常常会紧贴着地面趴下，有时会把长脖子卷起来，甚至会把头钻进沙子里或藏在翅膀下。这可不是消极的逃避！在鸵鸟生活的沙漠地区，地面上升的热空气与空气中的冷空气相遇，会产生一种"闪光"现象，那些追捕者不容易看清前面的物体。这样，鸵鸟就可以巧妙地躲避敌人了！

　　鸵鸟的食物来源非常广泛，有植物的叶子、花、果实和种子等等。其实鸵鸟没有牙齿，但它们会吞下一些碎小的小石子，让它们帮忙研磨食物，以利于消化。

全身长刺的刺猬

刺猬几乎遍布于除南北极外的世界上的每一个角落。它们身体背面长满了棕、白相间的硬刺毛，而腹部则是黄色的绒毛。刺猬一般能活4～7年。

刺猬是杂食性动物，食谱中除了蚯蚓、昆虫、蜗牛、青蛙、小蛇、蜥蜴、老鼠，还有植物的根、茎、果实等，它们最喜欢吃的是蟑螂，还能把有毒的蛾子吞入肚中，而且连可怕的毒蛇也能对付。

遇到其他动物向它发起攻击时，刺猬就把身体蜷缩成一团，让硬刺全部竖起，好像一个刺球儿，让敌人无法下口。

刺猬胆小又怕光，很喜欢安静。白天在洞里睡觉，有时还会打呼噜。每当夜幕降临，它们便会缓缓地移动身体出来活动。刺猬会爬树，还能游过小河到对岸活动。虽然它们的视觉已经退化，但是凭借着灵敏的嗅觉和听觉，让他们在夜间捕食时非常得心应手。

长刺的鱼——针河豚

在我国南海海域上生活着一种鱼叫针河豚 [tún]。

针河豚是一种非常奇特的鱼，它的体型和普通河豚相差不多，但在整个皮肤的外面长满了刺。当它吞进水和空气后，身体会急剧膨胀起来，像个长满了刺的气球，更像陆地上生活的刺猬。这种特殊的"装扮"的确能吓退许多来犯的敌人。但就在刺河豚耀武扬威展示它威风凛凛的刺儿的同时，常常被渔民发现，成为他们的猎物。

爱干净的浣熊

　　浣熊体型较小，体重一般不超过10千克，最重的可达28千克，相当于一个八九岁孩子的体重。可爱的浣熊戴着黑眼罩，拖着一环一环黑白相间的尾巴，它们是小朋友们心目中的明星动物。当浣熊捕捉到食物时，总是要先洗去食物身上的泥土再吃，它们是不是真的这么讲卫生呢？

　　科学家观察被关起来的浣熊时发现，如果旁边有水的话，它们确实会把食物浸到水里洗一下。可有趣的是，即使旁边没有水，浣熊也会做同样的动作。所以，科学家们得出的结论是，浣熊"洗食物"的行为是一种条件反射。

　　浣熊基本上属于夜行动物，白天蜷伏在窝内，夜间出来觅食，喜欢在溪边捕鱼、虾和昆虫。它们住在树洞里，当夜幕降临，胆小的浣熊才会从洞里出来觅食。除了池塘、江河、湖泊能给浣熊提供丰盛的晚餐，农场里的玉米和蔬菜也是浣熊的最爱。有时候，浣熊还会跑到人类的垃圾桶里去找寻食物。

　　冬天的时候，北方的浣熊就会躲进树洞里去冬眠。

参照教材阅读

还有哪些动物具有特殊的本领？
参照人民教育出版社出版的《小学科学》
三年级上册教材第 40 页

3 动物是人类的好帮手

鱼和潜水艇

　　人类在很早以前就向往着神秘的海洋，尤其是那深不见底的充满无穷奥秘的海底，更是吸引着无数人去探寻和征服。从古至今，潜入到海洋深处始终是人类的梦想。

　　1620年，荷兰发明家科尼利斯·德雷尔成功地制造出了人类第一艘潜水艇。当然，这艘艇只是一艘能潜入水下行进的船。它的船体是一个木质的柜子，外面包裹着一层厚厚的涂有油脂的牛皮，柜子里装有一个大大的羊皮囊，用来控制浮力。那么，你知道潜水艇的发明是因为受到什么的启示吗？答案就是鱼。想要了解这个问题，首先要从鱼的潜水性能说起。

鱼为什么能在水中自由地游动

　　鱼之所以能在水里游动而不会下沉，主要是因为它们有鱼鳔。大多数鱼都长有鱼鳔，它是一种可以胀缩的囊状物，民间俗称"鱼泡"。鱼鳔里充满了气体，主要包括氧气、氮气和二氧化碳，其中以氧气的含量最多。鱼鳔的作用首先是辅助呼吸，能为鱼在缺氧的环境中提供氧气。

　　鱼鳔可以使鱼沉浮在水中，而能让鱼在水中掌握沉浮的则是鱼鳍。鱼在水里游泳时，通过背鳍、胸鳍、腹鳍、尾鳍和臀鳍的摆动，得以上下左右地自由移动，同时保持身体的重心稳定。

从鱼的潜泳中得到的启发

背鳍

尾鳍　臀鳍　　腹鳍　　胸鳍

自从科尼利斯·德雷尔制造出第一艘潜水艇后，人类并未将其广泛地应用。直到1775年，英国殖民统治者派众多战舰攻打美国，美军伤亡惨重。当时，美军中有一个名叫达韦·布什内尔的士兵，他经常在思考如何才能击败英军的战舰。

有一次，布什内尔正站在海

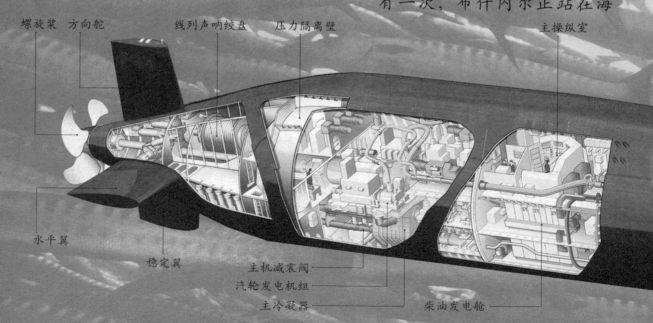

螺旋桨　方向舵　　　　线列声呐绞盘　　压力隔离壁　　　　　　　　　　主操纵室

水平翼

稳定翼

主机减震阀
汽轮发电机组
主冷凝器　　　　　　　柴油发电舱

边的礁石上思索，忽然看到一条大鱼悄悄地潜到一条小鱼下方，随后猛地跃起，咬住并吃掉了小鱼。布什内尔灵机一动：如果能建造一条像大鱼那样可以潜在水中的船，悄无声息地钻到英军舰下射放水雷，便能轻而易举地将其打败。

近年来，科学家们又发现了鱼鳍在水中潜游的作用，设计出依靠巨大的艇翼来实现下潜和上浮的"飞行"潜水器，运行速度更快，行动更加灵活。

参照教材阅读
什么是潜水艇？它是怎样工作的？
参照人民教育出版社出版的《小学科学》
三年级上册教材第 47 页

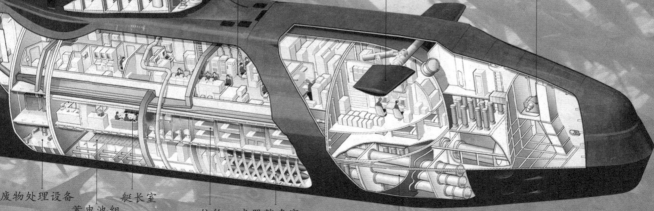

雷达天线
通信天线
通气孔

指挥控制室　　首水平舵　　锚链绞盘

废物处理设备　艇长室
　　蓄电池组　　　住舱　武器储存室　　鱼雷发射管

变色龙与迷彩服

在动物世界里，生活着一种非常奇特的动物。它们为了迷惑敌人、保护自己，经常根据环境的变化来改变体表的颜色。这就是爬行动物的避役行为。

变色龙的特异功能

变色龙为什么能变色呢？原来，在变色龙的皮肤里面有着各种色素细胞，它们决定着体表的颜色。这些色素细胞服从神经中枢的指挥，按照神经中枢的命令来变化皮肤的颜色。每当生活环境有所改变，变色龙的神经中枢会向色素细胞发出指令，让它改变体表的颜色，与环境颜色协调一致。

变色龙的长舌是它的捕食利器，变色龙的舌头包含有一个类似小弹弓的发射装置，当小昆虫靠近时，变色龙将舌头瞄准经过的昆虫，然后像箭一样"啪"弹射出去。在短短的十分之一秒内，变色龙的舌头能够伸长至其体长的1.5倍，从而将小昆虫卷入口中。

会伪装的军服

在最初的时候，作战的士兵们并没有迷彩服，在战场上很危险。后来，人们在变色龙身上受到了启发——按照作战环境的颜色来设计军装！"迷彩服"由此诞生。

英国军队是最早使用迷彩服的军队。19世纪末，英军大尉哈里在巴基斯坦组织非正规军"英国陆军侦察队"。在制作侦察队军服时，哈里针对当地黄土遍地的环境特征，制作了土黄色军服。

现在，迷彩服应用范围更广泛了，有些军队甚至一年四季都会变换迷彩服。军人穿着统一的迷彩服，威风凛凛，整齐有序，来到战场上更是大显神威！迷彩服拯救了大量士兵的生命，这可得感谢可爱的变色龙。

蝙蝠和超声波

蝙蝠是唯一一类真正有飞翔能力的哺乳动物。

它们在白天憩 [qì] 息，在夜间外出觅食。蝙蝠经常栖息在山洞、峡谷缝隙、地洞或废弃的建筑物内，也有栖于树与岩石上的。它们总是倒挂着休息。蝙蝠喜欢群居生活，经常几十只到几十万只聚集在一起。

神奇的超声波定位能力

蝙蝠是怎么在黑夜中捕食昆虫的呢？

经过很多次试验，科学家们终于发现，蝙蝠在黑夜中"看"东西的奥秘——原来蝙蝠的喉咙能发出很强的超声波，而它高高耸立的耳朵，又有着非常复杂的结构，成为一个接收超

声波的仪器。当超声波在空中遇到
飞行的小虫，便被反射回来。它的耳
朵听到回声，便可以准确判断出小虫的位置，然后
快速地捕捉
小昆虫。尤
其让人们惊异的是，
蝙蝠甚至可以根据反射回
来的声波，准确判断出前面的
物体是什么东西。因此，蝙蝠飞
行之时，总是张着大口，假如你将
它的口紧闭，它便失去
指挥作用，假如再
堵上它的耳朵，
它便会撞到墙上，
无法飞行了。

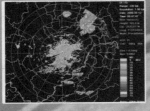

给飞机装上雷达

　　人类根据蝙蝠的回声定位系统，借助仿生原理制造出了雷达，并模仿蝙蝠探路的方法把雷达装在了飞机上。

　　雷达是一种利用电磁波探测目标的电子设备。奇妙的雷达在白天黑夜均能探测远　距离的目标，且不受雾、云和雨的阻挡，具有全天候、　全天时的特点，并且具有非常奇特的穿透能力。因　此，它成为飞机上必不可少的电子装备。驾驶员从　雷达的荧光屏上，能够看清楚前方有没有障碍物。　如果缺少了雷达，天上的飞机就寸步难行了。

象征吉祥的蝙蝠

由于"蝠"与"福"同音，因此中国人自古以来就把蝙蝠当做福气的象征，希望福气像蝙蝠一样从天而降，多多进"蝠"。以此为题材构成的蝙蝠纹是中国传统装饰纹样之一。常见的蝙蝠纹有倒挂蝙蝠、双蝠、四蝠捧福禄寿、五蝠等。蝙蝠纹富于变化，可单独构成图案，也可与别的事物共同组合成吉祥图案：一只蝙蝠在面前飞舞被称为"福在眼前"；蝙蝠和马组成的纹样被称为"马上得福"；由红色的蝙蝠在器物上部围成一圈的图案被称为"洪福齐天"；五只蝙蝠与"寿"字组合成的图案被称为"五福捧寿"；蝙蝠、寿山石加如意或灵芝构成"平安如意"。

蝴蝶与卫星控温系统

　　太空中有围绕着地球飞行的许多"人造卫星"。科学家们用火箭把它们发射到预定的轨道，使它们环绕着地球或其他行星运转，以便进行探测或科学研究。人造卫星是我们的好帮手，像气象预报、飞机导航、地球资源探索、军事活动等都需要它们的帮助。这些卫星通过自身携带的太阳能电池板获取太阳光给自身充电，从而拥有不断运行的动力。

　　可是，人造卫星也经常遭遇"烦恼"——当人造卫星受到阳光的强烈辐射时，温度会高达2 000℃以上；而在太阳照不到的阴影区域，温度会下降到-200℃左右。这样的极热、极寒天气很容易损坏卫星上的精密仪器仪表，它一度让科学家们伤透了脑筋。后来，人们从蝴蝶身上受到启迪，解决了这一难题。

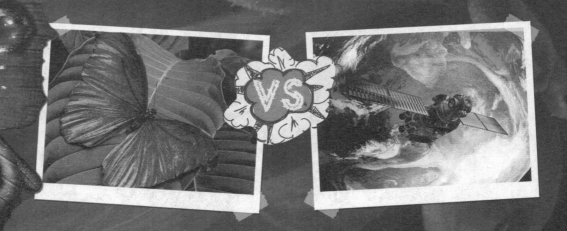

美丽的蝴蝶

　　每到夏季来临，蝴蝶就会三五成群、呼朋引伴的在花丛中嬉戏。蝴蝶喜欢花蜜，很多的植物都是靠它们帮助授粉，才得到了丰硕的果实。蝴蝶，有着一对绚丽多彩的翅膀，这让它们得到了"昆虫界仙女"的美誉。美丽的蝴蝶蕴藏着许多奥秘。

蝴蝶的鳞片

　　科学家们通过蝴蝶的启发，发明了人造卫星控温系统。蝴蝶的身体表面生长着一层细小的鳞片，这些鳞片能有效调节蝴蝶的体温。每当阳光直射、气温上升时，这些细小的鳞片会自动张开，以减少阳光的辐射角度，从而减少对阳光热能的吸收；当外界气温下降时，鳞片就会自动闭合，紧贴体表，让阳光直射鳞片，从而把体温控制在正常范围之内。科学家根据这种原理，为人造地球卫星设计了一种犹如蝴蝶鳞片般的控温系统，让人造卫星再也不怕高温和低温了。

中国的人造卫星

　　中国的航天业起步是较晚的，20世纪50年代末才开始研制人造卫星。而此时，前苏联、美国等已将本国制造的人造卫星成功送上太空。在建国初期，研发条件并不理想的环境下，众多中国科学家精诚团结，夜以继日，终于在1970年4月24日成功地发射了第一颗人造卫星"东方红一号"。美妙的《东方红》乐曲首次响彻太空，中国成为世界上第五个自主发射人造卫星的国家。此后，中国的航天技术始终与世界航天技术前沿保持同步。直至今日，中国有数十颗卫星在太空中遨游。

　　在地球上空运行的卫星还是地球人向外星人传递信息的重要工具，携带"地球之音"的旅行者号卫星在太空播放了60多种语言的"你好"。中国的京剧、贝多芬的《欢乐颂》等曲目，以及包括中国传统家宴、万里长城在内的精美图片，是地球人递给外星人的一张张充满诚意的地球名片。

参照教材阅读

月球到底是什么样子的?

参照人民教育出版社出版的《小学科学》
四年级上册教材第 61 页

辛勤的耕耘者——蚯蚓

蚯蚓是大家非常熟悉的动物，被誉为"耕耘土壤的大力士"。通过它的活动，可使土壤疏松，团粒结构增强，从而促进农作物的生长。

可以再生的蚯蚓

蚯蚓有非常强的再生功能——当蚯蚓被切成两段时，在温度、酸碱度和细菌适宜的条件下，蚯蚓断面上的肌肉组织会立即收缩，一部分肌肉便迅速溶解掉，形成新的细胞团，同时白细胞聚集在切面上，形成栓塞，使伤口迅速闭合，从而保护自己。位于体腔中隔里的原生细胞会迅速迁移到切面上来与自己溶解的肌肉细胞一起，在切面上形成结节状的再生芽。与此同时，体内的消化道、神经系统、血管等组织的细胞，通过大量的有丝分裂，迅速地向再生芽里生长。不过，被切断的两段蚯蚓并不能都活下来，只有包含脑神经节的一端可以活下去。

蚯蚓的辛勤耕耘

蚯蚓没有眼睛，却善于钻土。著名生物学家达尔文曾赞誉过它："如果说，犁是人类最早的发明之一，那么远在人类生存之前，土地就已被蚯蚓耕耘过了，并且还要被它继续耕耘。"蚯蚓一般在10～30厘米深的潮湿、疏松的土壤里生活，主要吃含有机物的腐殖土和其他杂质。它的触觉器发达，对地面震动、噪声、光亮和黑暗，都能敏感地反应。每年春秋两季都是它生长和繁殖的季节。它的再生能力很强。在受伤或被切断（不靠头的前部）以后，会产生一种似胚胎的间叶细胞，能分化成各种组织继续生存。

蚯蚓的辛勤耕耘能使土壤疏松，提高土壤肥力，有利于作物生长。蚯蚓的粪便是一种高效的有机肥料。有人统计过，每10万条蚯蚓，一年中可排粪六七吨。蚯蚓又是鸡、鸭、猪等禽、畜的上等饲料。实践证明，食用蚯蚓的家禽可以更快地生长。

蚯蚓垃圾处理厂

　　蚯蚓食性较杂，它除了玻璃、塑料、金属和橡胶不吃，其余如腐殖质、动物粪便、土壤细菌等以及这些物质的分解产物都能吃掉。因此，世界各国都利用它来处理大量垃圾。

　　日本有家大工厂养殖了 10 亿条蚯蚓，用于处理废料，每天可处理 50 吨造纸废液，并得到 2.5 吨蚯蚓粪。现在，养殖蚯蚓已趋向商品化。国际上每年蚯蚓贸易总额可达 10 亿美元。

除害飞行家——蜻蜓

蜻蜓长着一颗圆圆的脑袋，口内生着一对坚硬有力的紫色大颚。在它任意转动的脑袋上，有一对异常发达的大复眼，几乎占了整个头部的一半。据统计，蜻蜓的一只大复眼由 15 000 ~ 18 000 只小眼组成。所以，蜻蜓在疾飞中，能正确清晰地看到 9 米开外、处于活动状态的昆虫的各个部分，还能看见在千米以外飞行的同类。

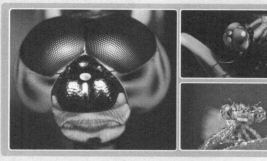

飞行之王

蜻蜓被称为"飞行之王"，飞行的速度在昆虫界是最快的。在做急促的冲刺飞行时，蜻蜓每秒的速度近 40 米。而且，它还可以连续飞行 1 小时不着陆。

蜻蜓每秒可以振动翅膀 20 ~ 40 次，每小时能飞 150 千米。蜻蜓全速飞行起来速度和奔驰的火车差不多。此外，蜻蜓还能在空中做特技飞行，姿态优雅，动作干脆利落。它时而盘旋急飞，时而垂直滑翔。

蜻蜓是昆虫界的"飞行耐力冠军"。每年的夏天，蜻蜓会在英国海岸集结，然后成群结队地横渡多佛海峡，飞到法国去"度假"。蜻蜓家族中有一种赤褐色的小蜻蜓，每年还能够从赤道地区长途跋涉飞到日本。常在大海上航行的海员们发现，在距离澳洲大陆 500 千米的澳大利亚湾的海洋上有很多蜻蜓在飞翔，从这里往返澳洲大陆大约有 1 000 千米。

以昆虫为食

蜻蜓专门捕食各种小型蛾类、浮尘子、稻飞虱 [shī]、蝇、蚊等昆虫，因此对人类来说它是一种益虫。蜻蜓的食量非常大，一只蜻蜓一小时能吃 20 只苍蝇或 840 只蚊子。蜻蜓的幼虫在水中也能消灭孑孓等许多害虫。

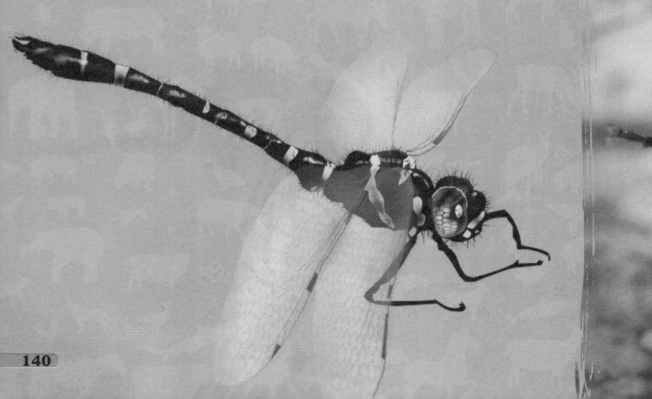

参照教材阅读
什么是食物链，
它与人类又有着怎样的关系？
参照人民教育出版社出版的《小学科学》
六年级下册教材第 31 页

谋杀丈夫的螳螂

春秋时期，齐庄公出巡游猎，路上遇到一只奇怪的螳螂。螳螂昂首奋臂，阻拦庄公的车轮。齐庄公好奇地问驾车的人："这是什么东西？"驾车的人说："一只不自量力的螳螂。"从此，"螳臂挡车"这句成语一直流传至今。

这个敢于挡车的螳螂，确实凭着一对粗壮、厉害的螳臂称霸一方，昆虫在它面前都无法逃遁。螳螂有一对犀利的前足，收缩在胸前；长颈上，顶着一个扁三角形的小脑袋；小小的嘴巴上，长着一对不显眼的紫黑色的颚；它的颈部是柔软的，能使头向任何方向旋转。它的神态温柔，古希腊人曾称它为"会祈祷的螳螂"。

螳螂平时栖息在植物上，因体色与所处环境相似，所以不易被发觉。它常常昂头抬足，静止不动，观察敌情，一旦发现目标，就会像箭一样，射出胫端挂钩，迅速地将猎物捕获，极少扑空。

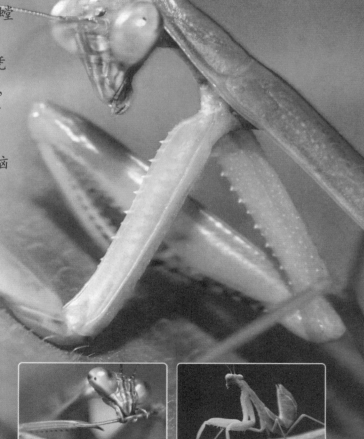

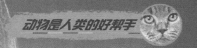

螳螂还是一种适应能力很强的昆虫，它和恐龙生活在一个时期，但是硕大的恐龙早已在地球上消失了，而螳螂却顽强地生存下来，原因是它的适应能力极强。它们为了繁殖后代，雄螳螂会在它们新婚的夜里让妻子吃了自己。这在昆虫界是很少见的。

捕虫神刀手

螳螂是食肉性昆虫，平时吃蝗虫、苍蝇、蚊子、蝶、蛾等害虫。一只螳螂在两三个月中，能吃 700 多只蚊子。螳螂之所以能够准确地捕食，是因为它的一对复眼有一套完整的跟踪瞄准系统。依靠这套瞄准系统，把进入视野的食物的大小、运动方向和路线，及时报告给脑神经，然后抓住时机，猝然出击。从猛扑到擒获，整个过程只要 0.05 秒，所以百发百中。

神奇的螳螂卵

螳螂的卵还是一味很好的药材，中药名为"桑螵 [piāo] 蛸 [xiāo]"。中医认为，桑螵蛸具有镇惊安神、止搐 [chù]、活血散瘀、消炎止痛的疗效，对于治疗咽喉肿痛、疔 [dīng] 肿恶疮 [chuāng]、脚气、小儿惊痫 [xián] 抽搐等疾病都有很好的效果。

农民伯伯的好帮手——猫头鹰

猫头鹰，又叫鸮，因为它们的眼睛又圆又大，很像猫的眼睛，所以人们习惯上称它"猫头鹰"。猫头鹰的脖子又长又灵活，能270度转动。它的嘴和爪都弯曲呈钩状，周身羽毛大多为褐色，散缀细斑，稠密而松软。独特的羽毛设计，使夜行猫头鹰成为世界上最安静的飞行鸟。

猫头鹰的大眼睛

猫头鹰的眼球呈管状，有人把猫头鹰的眼睛形容成一架微型的望远镜。猫头鹰的眼睛具有能使瞳孔略微放大的放射状肌，同时它视网膜里含有比其他动物多得多的圆柱细胞，

圆柱细胞含有一种叫"视紫红质"的感光物质，对弱光极其敏感，所以特别适于夜晚视物。不过，猫头鹰却是一个地道的色盲，

也是地球上唯一不能分辨颜色的鸟类。因为它的视网膜中没有锥状细胞，所以无法辨认色彩。

此外，猫头鹰的听觉也非常灵敏，在伸手不见五指的黑暗环境中，听觉起主要的定位作用。它根据猎物移动时产生的响动，不断调整扑击方向，最后出爪，一举奏效。

视觉和听觉的相辅相成，使它适应了夜行生活并成为一个高效的夜间捕猎能手。

捕鼠能手

　　由于猫头鹰的长相古怪，两眼又大又圆，炯炯发光，让人感到很害怕，所以我国民间有"夜猫子进宅，无事不来"的俗语，常把猫头鹰当作不祥之鸟，这完全是冤枉了猫头鹰。猫头鹰是一种益鸟，作为捕鼠能手，猫头鹰是农民伯伯的好帮手呢！

　　猫头鹰昼伏夜出，以鼠类为主食，有时也捕食小鸟或大型昆虫，为农林益鸟。一只猫头鹰平时每天捕食5只田鼠；在猫头鹰的繁殖期间，连同一窝雏鸟每天可以吃掉10多只田鼠，这样，一个夏季一只猫头鹰就能消灭各种田鼠1 000多只。

帮渔民捕鱼的鸬鹚

鸬 [lú] 鹚 [cí]，又叫鱼鹰或水老鸦，羽毛为黑色。体长可达1米。它们的嘴像鱼钩一样锋利，非常适于啄鱼。鸬鹚分布于我国各地，主要生活在河川和湖沼中，它们用海藻和鸟粪在悬崖上筑巢，或在树木或灌丛中用树枝筑巢，在那里，它们过着自由自在的生活！

鸬鹚是非常有名的捕鱼高手，它们偷偷靠近鱼，然后突然伸长脖子用嘴发出致命一击。这样，无论多么灵敏的鱼也绝难逃脱。

在我国南方水乡，渔民外出捕鱼时常带着驯化好的鸬鹚。它们整齐地站在船头，当渔民发现鱼时，一声哨响，鸬鹚便纷纷跃入水中捕鱼。在遇到大鱼时，几只鸬鹚会合力捕捉，配合非常默契。在鸬鹚捕鱼前，渔民们会在它的脖子上套一个脖套，鸬鹚捕到鱼后无法马上吞到肚子里。这样，等鸬鹚回到船上时，它们捕到的鱼就全部归渔民所有了。

鸬鹚的羽毛防水性差，身体很容易被水浸湿，不能长时间地潜水和游泳。所以，每次捕鱼后，它们都要站在岸边晒太阳，等羽毛晾干后，才能回到水中再次捕鱼。

地球的清道夫

在大自然的生态系统中，几乎所有的动物都是有用的，它们对维持生态平衡、物质循环和能量流动起着重要的作用，其中有一些动物就充当着地球清道夫的角色。

"大自然清道夫"——蜣螂

蜣 [qiāng] 螂 [láng]，就是我们平常所说的"屎壳郎"。世界上有2万多种蜣螂，分布在南极洲以外的所有大陆上。其中，地球上最大的蜣螂有10厘米长，可以称得上是昆虫界的巨无霸了。大多数蜣螂属营粪食性，以动物粪便为食，有"大自然清道夫"的称号。它常将粪便制成球状，滚动到可靠的地方藏起来，然后再慢慢吃掉。一只蜣螂可以滚动一个比它身体大得多的粪球。

草原清洁工——秃鹫

秃鹫 [jiù]，俗称坐山雕或狗头鹫，是一种大型猛禽，体重 7～11 千克，全长约 1.2 米，展开双翅，秃鹫可以达到 2 米多长。秃鹫的分布范围非常广，除了南极洲及海岛之外，差不多分布在全球的各个地方。

在猛禽中，秃鹫的飞翔能力不强，但是它非常善于滑翔。拥有大翅膀的秃鹫，在荒山野岭的上空悠闲地漫游着，用它们特有的感觉，捕捉上升的暖气流。秃鹫依靠上升暖气流，借力升高，慢慢地向更远的地方滑翔而去。秃鹫常栖息于高山裸岩上，多单独活动，在附近平原、丘陵地带翱翔觅食，发现目标后俯冲抓捕。

秃鹫也许是最"肮脏"的鸟类，它们主要以鸟兽的尸体和腐烂的动物为食。

海港清洁工——海鸥

　　海鸥身姿健美，惹人喜爱，羽毛就像雪一样晶莹洁白。它们捕食蝗虫、飞蛾、金龟子、步行虫和鼠类，是一种益鸟。在海滨和沙滩上，人们随手抛弃的残羹剩饭，海鸥也能吃得一干二净，为保持海面和沙滩的清洁立下了汗马功劳，被称为"海港清洁工"。

　　海鸥还是海上航行安全的"预报员"。富有经验的海员都知道，每当航行迷途或大雾弥漫时，海鸥的飞行方向可作为寻找港口的依据。还可以通过观察海鸥的行为来预测天气——海鸥贴近海面飞行，那么未来的天气会是晴好的；如果海鸥只沿着海边徘徊，那么海上的天气会变坏；如果碰到海鸥集体离开水面，高高飞翔，成群地从大海深处飞向海边，或者成群的海鸥聚集在沙滩或岩石缝里，则预示着海上可怕的暴风雨即将来临，海员们要将自己船只靠近海港了。

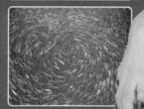

地震前动物们的预警

在灾害面前，往往动物比人类要更机敏。因为动物在长期的进化过程中形成了许多适应自然的能力，躲避各种灾害的能力成为它们天生的一种本能。许多动物对一些灾害都特别灵敏，能比人类提前预知这些灾害事件的发生，例如海洋中水母能预报风暴，老鼠能事先躲避矿井崩塌或有害气体的侵入等。在我国，震前动物的异常，曾对一些较大地震的成功预报起到了重要作用，如1969年7月18日渤海7.4级地震和1975年2月4日海城7.3级地震的成功预报。

有人发现，在地震发生前数天或数小时，动物可能会表现出不安、抑郁狂躁、迁徙逃亡等行为。1976年的唐山大地震发生后，广大地质工作者对唐山地区及周边 48 个县进行了大范围的调查，搜集到许多动物地震预警的案例。综合来讲，在大家熟悉的鸡、鸭、兔子、牛、猪、马、羊、狗、猫、鸟、鱼等动物的异常反应中，生活在水中的鱼对于地震来临前的反应最为明显。

动物预警的能力

为什么大地震前，动物能够感知到危险的降临呢？一些研究表明，当某一地区较大地震临近发生时，这片地区的地质会发生超常的变化，地声、地温、振动波、电磁波、水中的化学成分等都会发生不同程度的变化。这些微小的变化会被敏感的动物们捕捉到。对于灾害，动物的神经感知器官要比人类的神经感知器官灵敏得多。

有人将地震前动物反常的情形编成了几句顺口溜：

> 震前动物有预兆，密切监视最重要。
> 牛羊骡马不进厩，猪不吃食狗乱咬。
> 鸭不下水岸上闹，鸡飞上树高声叫。
> 冰天雪地蛇出洞，大鼠叼着小鼠跑。
> 兔子竖耳蹦又撞，鱼跃水面惶惶跳。
> 蜜蜂群迁闹哄哄，鸽子惊飞不回巢。
> 家家户户都观察，发现异常快报告。

当然，并不是只要动物有异常行为就一定代表有地震会发生。由于能够造成动物出现异常行为反应的因素很多，例如季节变化、气候影响、环境的改变、疾病因素等，都可以造成动物的行为异常。我们一定要细心观察，以科学依据为准。

参照教材阅读

地震究竟是怎么发生的?
如果发生了地震,我们应该怎么做才安全?
参照人民教育出版社出版的《小学科学》
五年级下册教材第 60 页

导盲犬的陪伴

狗是人类最忠实的朋友，也是陪伴人类最长的宠物。人类早在13万年前就已经开始驯养狗了，而那时的人类，才刚刚开始使用语言。可以说，狗是最早与人类相依为命、同甘共苦的动物。

狗与人类的关系非常亲密。只要主人下达指令，狗大多都能根据主人的指令做出反应。科学家们同时指出，由于人类对狗进行长期的选择性繁殖，许多狗也很容易患有与人类相同的疾病，如失明、心脏病，甚至是癌症等。

狗在人类社会中扮演着多重角色。人类驯养狗担负不同的工作——有帮助人类放养羊群的牧羊犬，有能够根据气味追捕罪犯的警犬，还有能够帮助盲人或残疾人的陪护犬。对于那些不做传统工作的狗，还有范围宽广的狗类运动可以让它们展现它们的天赋异能。

在许多国家，家犬最普通和最重要的社会角色是作为人类同伴而存在着。狗因为在各个方面与人类工作和生活的关系都如此紧密，以至于它们赢得了"人类最好的朋友"这样的美誉。

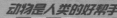

黄金拾猎犬

  黄金拾猎犬俗称"金毛犬"，拥有天真而友善的笑容、温和而友好的性情，尤其是它们3岁以后，个性趋于稳定，非常适合家庭饲养。由于黄金拾猎犬脾气好、性格稳定，因此还是导盲犬的最佳选择。

  黄金拾猎犬喜欢亲近主人，更喜欢与主人一起开心玩耍。当它自己在家时，不会像其他狗狗一样乱叫，因此不会给主人的邻居带来困扰。黄金拾猎犬的心思细腻，好交际、不怕生人，对陌生人也不具有攻击性，最适合与小朋友相处。

德国牧羊犬

德国牧羊犬高大威猛，行动敏捷，常参加各种任务。虽然早期人们只将其作为牧羊犬使用，但在第一次世界大战期间，它们因具备优良的品质而被德军募集，作为军犬使用。现在，德国牧羊犬在全世界范围内以警犬、搜救犬、导盲犬等多种身份出现。

德国牧羊犬以其优秀的品质受到人们的欢迎，许多国家都用它帮助军人或警察搜查毒品、缉捕逃犯。二战结束后，德国牧羊犬还成为许多影视片中的明星，深受人们的喜爱。

　　德国牧羊犬忠诚可靠，勇敢自信，意志坚强，警惕性高。虽然德国牧羊犬的样子显得有些冷漠，但实质上它们平易近人，乐于接受安排，适应能力强，拥有工作犬的很多优良品质。

中国传统文化中对狗的描述

狗是人类最忠实的朋友，能够帮助人们狩猎、保护畜群、看守家园和送信救急等，对于人类的生存和发展起到了巨大的作用。

狗作为人类最早驯化的动物之一，早在渔猎时代就成了人类的亲密伙伴。

狗非常聪明，能帮助人驱赶野兽和放牧羊群，利于人们对畜群的大规模饲养。另外，狗对人类特别忠诚，被认为是通人性的动物和与人类共患难的朋友。在人们心中，狗是具有忠、义、勇、猛、勤、善、美、劳八德的动物，可见人们对狗的喜爱。

狗还是中国十二生肖之一，在许多少数民族的风俗习惯中，狗常被视为崇拜的对象。

图书在版编目（CIP）数据

我和我的动物小伙伴 / 刘少宸编著 . -- 长春：吉
林科学技术出版社，2014.11（2023.1 重印）
（奇趣博物馆）
ISBN 978-7-5384-8274-4

Ⅰ．①我… Ⅱ．①刘… Ⅲ．①动物－少儿读物 Ⅳ．
① Q95-49

中国版本图书馆 CIP 数据核字 (2014) 第 218492 号

编 著	刘少宸					
编 委	邓 辉	丁可心	丁天明	关 雪	韩 石	韩 雪
	李海霞	刘 超	刘训成	刘亚男	卢 迪	戚嘉富
	汝俊杰	唐婷婷	王丽丽	吴 恒	杨 丹	张晓明
	张 扬	张玉欣	朱兆龙	邹丽丽		

出 版 人　李 梁
策划责任编辑　万田继
执行责任编辑　朱 萌
封 面 设 计　宸唐装帧
制 版　宸唐装帧
开 本　787mm×1092mm　1 / 12
字 数　200 千字
印 张　14
版 次　2015 年 1 月第 1 版
印 次　2023 年 1 月第 3 次印刷

出 版　吉林科学技术出版社
发 行　吉林科学技术出版社
地 址　长春市净月开发区福祉大路 5788 号
邮 编　130118
发行部电话／传真　0431-85600611　85651759　85635177
　　　　　　　　　　85651628　85635181　85635176
储运部电话　0431-86059116
编辑部电话　0431-85610611
团购热线　0431-85610611
网 址　www.jlstp.net
印 刷　北京一鑫印务有限责任公司

书 号　ISBN 978-7-5384-8274-4
定 价　39.80 元
如有印装质量问题可寄出版社调换